Sravanthi Pammi

Melhorar a produção de isoflavonas a partir de culturas transformadas

Sravanthi Pammi

Melhorar a produção de isoflavonas a partir de culturas transformadas

Intervenções biotecnológicas em Trifolium pratense através de culturas de raízes peludas

ScienciaScripts

Imprint

Any brand names and product names mentioned in this book are subject to trademark, brand or patent protection and are trademarks or registered trademarks of their respective holders. The use of brand names, product names, common names, trade names, product descriptions etc. even without a particular marking in this work is in no way to be construed to mean that such names may be regarded as unrestricted in respect of trademark and brand protection legislation and could thus be used by anyone.

Cover image: www.ingimage.com

This book is a translation from the original published under ISBN 978-620-7-48348-8.

Publisher:
Sciencia Scripts
is a trademark of
Dodo Books Indian Ocean Ltd. and OmniScriptum S.R.L publishing group

120 High Road, East Finchley, London, N2 9ED, United Kingdom
Str. Armeneasca 28/1, office 1, Chisinau MD-2012, Republic of Moldova, Europe
Printed at: see last page
ISBN: 978-620-7-70251-0

INDE

ABREVIATURAS

TP	*Trifolium pratense*
BAP	6-Benzyl amino purine
^{0}C	degree Celsius
cm	Centimeter
2, 4-D	2, 4-Dichlorophenoxy Acetic acid
DNA	Deoxyribose Nucleic Acid
Fig	Figure
hrs	Hours
L	Litre
M	Molar
μ	Micron
mg	milligram
min	minute
mM	milliMolar
mm	millimeter
ml	milliliter
MS	Murashige and Skoog
NAA	–napthalene acetic acid
%	Percentage
pH	Hydrogen ion concentration
V	Volume
Wt	Weight

INTRODUÇÃO.......

PLANTAS MEDICINAIS

As plantas que possuem propriedades terapêuticas ou exercem efeitos farmacológicos benéficos no organismo animal são geralmente designadas por "plantas medicinais". As plantas medicinais são geralmente conhecidas como "minas de ouro químicas", uma vez que contêm substâncias químicas naturais. As plantas medicinais constituem uma importante riqueza natural de um país. Servem como agentes terapêuticos, bem como matérias-primas importantes para o fabrico de medicamentos tradicionais e modernos. De acordo com a Organização Mundial de Saúde (OMS), 80% da população dos países em desenvolvimento depende de medicamentos tradicionais, na sua maioria drogas vegetais, para as suas necessidades de cuidados de saúde primários, uma vez que os produtos naturais não têm efeitos secundários e estão facilmente disponíveis a preços acessíveis. As ervas são componentes muito importantes da medicina noutras culturas, como a medicina chinesa, a medicina indiana, a medicina ayurvédica e a medicina nativa da América do Norte.

Cerca de 70% das plantas medicinais da Índia encontram-se em zonas tropicais, principalmente nos vários tipos de florestas espalhadas pelos Ghats ocidentais e orientais, Vindhyas, planalto de Chotta Nagpur, Aravalis e Himalaias. A Índia é também a fonte mais rica de plantas medicinais devido à sua rica diversidade geográfica, às suas características climáticas e ecológicas variadas e é apropriadamente designada como o jardim botânico do mundo.

METABOLITOS SECUNDÁRIOS

As plantas medicinais são valorizadas pelos seus metabolitos secundários, tais como alcalóides, esteróides, flavonóides, terpenos, glicosídeos, etc. As plantas medicinais são a fonte mais exclusiva de medicamentos que salvam vidas para a maioria da população mundial. Atualmente, os compostos bioactivos extraídos das plantas são utilizados como aditivos alimentares, pigmentos, corantes, insecticidas, cosméticos, perfumes e produtos químicos finos, pertencendo a um grupo coletivamente conhecido como metabolitos secundários. Os metabolitos secundários, que são valiosos para os seres humanos, são frequentemente muito difíceis de isolar em grandes quantidades. A biotecnologia não tem sido muito eficiente em permitir aos cientistas regular a biossíntese de muitos dos metabolitos secundários valiosos.

Melhoria da produção de metabolitos secundários

As culturas de raízes peludas são fáceis de manter e caracterizam-se por uma elevada taxa de crescimento, um rápido tempo de duplicação e são capazes de sintetizar metabolitos secundários derivados da raiz, mas a produção de metabolitos pode não estar relacionada com o crescimento. As raízes peludas são únicas na sua estabilidade genética e biossintética e são capazes de sintetizar um grande grupo de compostos químicos. As culturas de raízes normais necessitam de um fornecimento exógeno de fito-hormonas e crescem muito lentamente, o que resulta numa síntese de metabolitos secundários pobre (ou) negligenciável. Estas propriedades oferecem uma vantagem adicional como fonte evolutiva para a produção de metabolitos secundários valiosos. Estas raízes também podem sintetizar mais do que um único metabolito e, por conseguinte, revelam-se económicas para fins de produção comercial. A maior vantagem das culturas de raízes peludas é o facto de apresentarem frequentemente uma capacidade biossintética de produção de metabolitos secundários igual ou superior à das suas plantas-mãe (Kittipongpatana et al., 1998). Mesmo nos casos em que os metabolitos secundários se acumulam apenas na parte aérea de uma planta intacta, foi demonstrado que as raízes pilosas acumulam os metabolitos.

A composição do meio de cultura afecta o crescimento e a produção de metabolitos secundários. O nível de sacarose, as hormonas exógenas, a natureza da fonte de azoto e as suas quantidades relativas, a luz, a temperatura e a pressão também podem afetar o crescimento, o rendimento total de biomassa e a produção de metabolitos secundários. A sacarose é a melhor fonte de carbono e é hidrolisada em glucose e frutose pelas células vegetais durante a assimilação; a sua taxa de absorção varia consoante a espécie.

Nas raízes pilosas, a fonte de novas células está nas pontas, pelo que a proliferação ocorre apenas no meristema apical e nas laterais atrás da zona de alongamento. As culturas de raízes pilosas podem ser limitadas por inibição de feedback. Assim, são utilizados bioreactores especialmente concebidos para aumentar a produção de metabolitos secundários a partir de culturas de raízes pilosas. (Shanks e Morgan., 1999; Giri e Narasu., 2000). Os avanços na cultura de tecidos, com melhorias na engenharia genética, especificamente na tecnologia de transformação, abriram novas vias para aumentar a produção de produtos farmacêuticos, nutracêuticos e outras substâncias benéficas. Avanços recentes na biologia molecular, na enzimologia e na tecnologia de fermentação de culturas de células vegetais sugerem que estes sistemas são uma fonte viável de metabolitos secundários importantes. Atualmente, a investigação visa produzir substâncias com actividades antitumorais, antivirais, hipoglicémicas, anti-inflamatórias, antiparasitárias, antimicrobianas, tranquilizantes e imunomoduladoras através da tecnologia de cultura de tecidos. As técnicas de cultura de tecidos vegetais são atualmente utilizadas a nível mundial para a multiplicação em massa e a conservação de germoplasma de espécies vegetais raras, ameaçadas de extinção, aromáticas e medicinais importantes e para a monitorização dos seus metabolitos secundários. É cada vez mais difícil adquirir compostos derivados de plantas. Os sistemas de cultura celular podem ser utilizados para a cultura em grande escala de células vegetais a partir das quais podem ser extraídos metabolitos secundários.

A produção de metabolitos secundários a partir de culturas de células e de raízes pilosas é superior à pequena quantidade extraída de plantas cultivadas *in vitro*. A cultura de células *in vitro* oferece uma vantagem intrínseca para a síntese de proteínas estranhas em determinadas situações, uma vez que podem ser concebidas para produzir proteínas terapêuticas, incluindo anticorpos monoclonais, proteínas antigénicas que actuam como imunogénios, albumina de soro humano, interferão, proteína imuno-contraceptiva, tricosantina inactivadora de ribossomas, angiotensina anti-hipersensível, leuco-encefalina, neuropeptídeo e hemoglobina humana.

As principais vantagens das culturas celulares são :

- Síntese de metabolitos secundários bioactivos em ambiente controlado, independente das condições climáticas e do solo.
- As influências biológicas negativas que afectam a produção de metabolitos secundários na natureza são eliminadas (microrganismos e insectos);
- É possível selecionar cultivares com elevada produção de metabolitos secundários.

Com a automatização do controlo do crescimento celular e da regulação dos processos metabólicos, o preço de custo pode diminuir e a produção aumentar.

Trifolium pratense L. (trevo violeta) - DESCRIÇÃO DA PLANTA

Trifolium pratense (Trevo vermelho) é uma planta herbácea perene de *vida curta*, de tamanho variável, que cresce até 20-80 cm de altura. É uma espécie de trevo, nativa da Europa, da Ásia Ocidental, do noroeste de África, da região mediterrânica, dos Balcãs, da Ásia Menor, do Irão, da Índia, dos Himalaias, da Rússia, desde o Ártico até à Sibéria Oriental, do Cáucaso e do Extremo Oriente. Amplamente introduzida e cultivada; extensivamente cultivada para pastagem, feno e adubo verde. Nativa de prados húmidos a secos, florestas abertas, margens de florestas, bordaduras de campos e caminhos. Cresce melhor em solos franco-argilosos bem drenados, mas também se adapta a solos mais húmidos. Alguns destes solos podem necessitar de cal ou fertilizante, ou ambos. O trevo vermelho é mais produtivo em solos com um pH entre 6,6 e 7,6.

CLASSIFICAÇÃO:

Família Fabacea_família da ervilha

Género *Trifolium* L.- *trevo*

Espécie *Trifolium pratense* L. - trevo *vermelho*

NOMES DIFERENTES:

Nome científico : *Trifolium pratense* L.

Nome comum : Trevo vermelho

Outros nomes : Trevo de vaca, trevo de prado, trevo roxo, trevo de árvore, trevo selvagem,

Trevo-das-praias , rotklee (alemão), trefle des pres (francês), Ackerklee

(alemão), pão de abelha, erva de cutelo, erva marga.

Importância medicinal do *Trifolium pratense*:

É utilizada para tratar a mastite (inflamação da mama), doenças das articulações, iterícia, bronquite e asma. Também pode ser utilizada no tratamento da lepra e da pelagra em combinação com a violeta azul, a bardana, a doca amarela, a raiz de dente-de-leão, a esteva e a foca dourada. O alcaloide tóxico indolizidina "slaframina" é frequentemente encontrado em trevos doentes (mesmo que o trevo não apresente sintomas externos de doença). Este alcaloide está a ser estudado pela sua atividade anti-SIDA (Foster & Duke 1990). O trevo vermelho é uma fonte de muitos nutrientes valiosos, incluindo cálcio, crómio, magnésio, niacina, fósforo, potássio, tiamina e vitamina C. O trevo vermelho é também considerado uma das fontes mais ricas de isoflavonas (substâncias químicas solúveis em água que actuam como estrogénios) e que se encontram em muitas plantas. As isoflavonas do trevo vermelho (*Trifolium pratense*) oferecem proteção contra a irradiação UV por aplicação tópica após a exposição UV. As isoflavonas primárias, daidzeína, biochanina A e formononetina, eram inactivas, mas loções de 20 μM de genisteína e os metabolitos equol, isoequol e o derivado relacionado dehidroequol tinham um potencial poderoso para reduzir a reação inflamatória do edema e a supressão da hipersensibilidade de contacto induzida por doses moderadas de radiação UV simulada pelo sol. Indicam também que as loções que contêm equol, ao contrário dos protectores solares UV tropicais, protegem mais facilmente o sistema imunitário da foto-supressão do que da inflamação da reação de queimadura solar, mesmo quando aplicadas após a exposição, pelo que estes compostos podem ter um papel futuro como ingredientes cosméticos protectores do sol.

Saúde cardiovascular

A menopausa aumenta o risco de as mulheres desenvolverem doenças cardiovasculares. A toma de suplementos de isoflavonas de trevo vermelho foi associada a um aumento considerável do colesterol da lipoproteína de alta densidade 9HDL0 ou bom colesterol em mulheres na pré e pós-menopausa. Curiosamente, um estudo recente revelou que as mulheres na menopausa que tomam suplementos de trevo vermelho registaram uma melhoria significativa da complacência arterial (uma medida da força e da resistência das paredes arteriais).

Menopausa

Vários estudos sobre um extrato patenteado de isoflavonas de trevo vermelho sugerem que este pode reduzir significativamente os afrontamentos nas mulheres na menopausa. Os fitoestrogénios do trevo vermelho desempenham funções no organismo semelhantes às dos estrogénios naturais e sintéticos, aliviando os problemas relacionados com a menopausa e a menstruação. A tensão arterial e os níveis de triglicéridos podem ser reduzidos.

Osteoporose

Alguns estudos sugerem que um extrato patenteado de isoflavonas de trevo vermelho pode retardar a perda óssea e até aumentar a densidade mineral óssea em mulheres na pré-menopausa.

Cancro

As isoflavonas isoladas do trevo vermelho foram estudadas pela sua eficácia no tratamento de algumas formas de cancro. Pensa-se que as isoflavonas impedem a proliferação de células cancerígenas. Alguns estudos demonstraram que os flavinóides do trevo vermelho inibem as substâncias cancerígenas. Uma cataplasma de flores de trevo vermelho pode ser aplicada em lesões cancerosas na pele.

Tónicos femininos

Dois ou mais quartos de infusão de flores secas de trevo vermelho por semana fazem maravilhas para a fertilidade.

Tosse

O extrato fluido de *Trifolium* é utilizado como alterador e antiespasmódico. Uma infusão feita com 1 OZ. para 1 litro de água a ferver pode ser usada com vantagem em casos de tosse brônquica e tosse convulsa.

Diabetes

O trevo vermelho foi estudado em pacientes com diabetes de tipo 2 para determinar os potenciais benefícios nas complicações diabéticas, como a tensão arterial elevada e o estreitamento das artérias e veias.

Terapia de substituição hormonal (HRT)

A investigação laboratorial sugere que as isoflavonas do trevo vermelho têm uma atividade semelhante à dos estrogénios. Além disso, a própria terapia de substituição hormonal é um tema controverso, com investigações recentes a indicarem que os potenciais danos podem ser superiores a quaisquer benefícios.

METABÓLITOS SECUNDÁRIOS EM *Trifolium pratense* :

Tanto as raízes como a folhagem de *Trifolium pratense* contêm uma gama complexa de isoflavonóides conjugados com formononetina-7-O-glicosídeo-6-O-malonato (FGM), maackiaina 3-O-glicosídeo-6-O-malonte (MKGM)quatro 7-O-glicosídeos ácidos (presumivelmente malonilados) de boichanina A (BGMs) e um glicosídeo ácido (presumivelmente malonilado) de um metabolito isoflavonóide com 5,7-dihidroxi desconhecido, denominado UN1GM, sendo os principais metabólitos em todas as partes da planta. Em contrapartida, as concentrações das agliconas isoflavonóides correspondentes permaneceram sempre baixas. Na folhagem, a ordem de abundância dos conjugados foi FGM>BGM>UNIGM>MKGM, enquanto nas raízes das plantas com até 15 dias de idade a ordem foi

FGM>BGM=MKGM>UN1GM, mudando para MKGM> FGM> BGM> UN1GM nas raízes mais velhas. Em todas as partes da planta, as concentrações destes vários conjugados foram afectadas de forma diferente pelo crescimento da planta e pela nodulação. Nas raízes não inoculadas, o MKGM aumentou de forma constante com a idade, enquanto que, em geral, as concentrações de FGM, BGM e UN1GM permaneceram inalteradas. A nodulação suprimiu a acumulação de MKGM e resultou numa diminuição do teor de FGM. Estes resultados sugerem que a nodulação não só afecta a acumulação de isoflavonóides nas raízes, como também pode regular sistemicamente o metabolismo dos isoflavonóides na folhagem.

Compostos activos:

Isoflavonas; biochanina A, daidzeína, formononnetina, genisteína, pratenseína, trifosídeo

Outros flavonóides, incluindo a pectolinarina e a trifoliina (=isoquercitrina)

Óleo volátil, contendo furfural

Cumarinas; coumestrol, medicagol e cumarina

Diversos; um galactomanano, resinas, vitaminas minerais, fitoalexinas.

Estruturas químicas e vias biossintéticas de isoflavonóides do trevo vermelho.

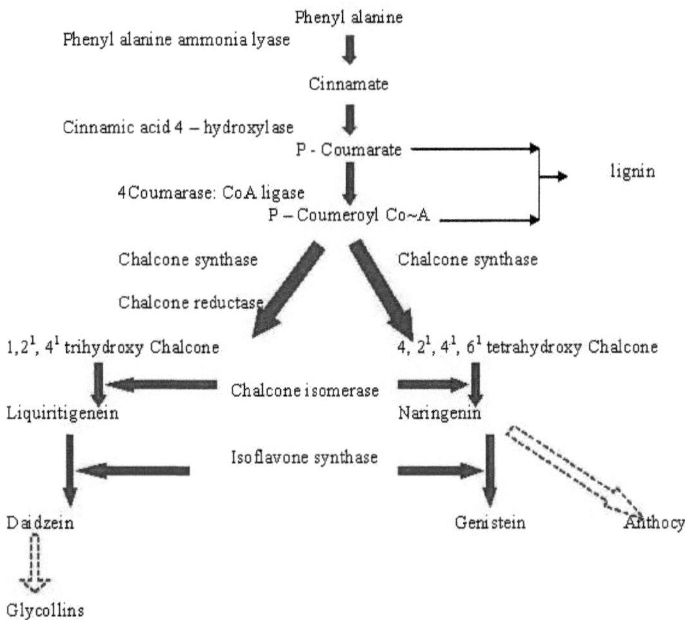

Phenyl alanine
Phenyl alanine ammonia lyase
Cinnamate
Cinnamic acid 4 – hydroxylase
P - Coumarate
lignin
4Coumarase: CoA ligase
P – Coumeroyl Co~A
Chalcone synthase
Chalcone synthase
Chalcone reductase
1,2¹, 4¹ trihydroxy Chalcone
4, 2¹, 4¹, 6¹ tetrahydroxy Chalcone
Chalcone isomerase
Liquiritigenein
Naringenin
Isoflavone synthase
Daidzein
Genistein
Anthocy
Glycollins

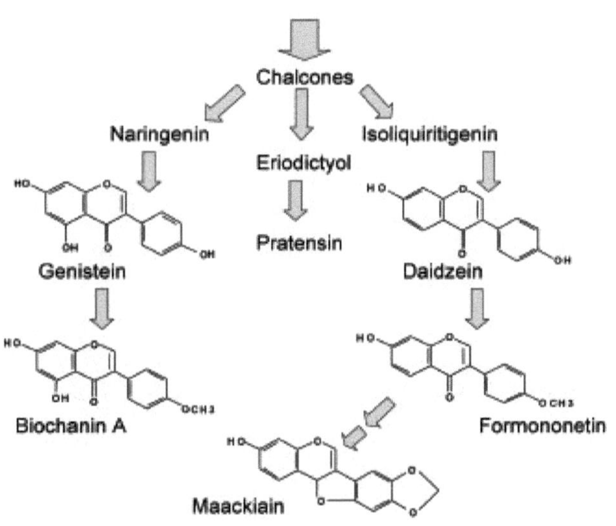

Chalcones
Naringenin
Eriodictyol
Isoliquiritigenin
HO
OH
O
Genistein
Pratensin
H O
O
OH
Daidzein
HO
O
OCH3
OH
O
Biochanin A
H O
O
O CH3
Formononetin
H O
O
O
O
Maackiain

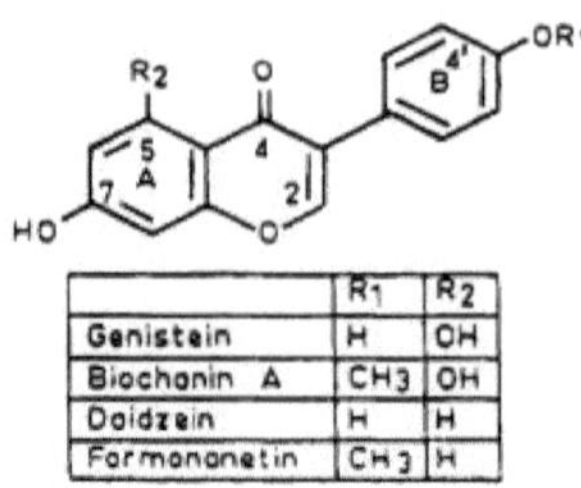

Figure 1. Chemical structure of the analyzed isoflavones.

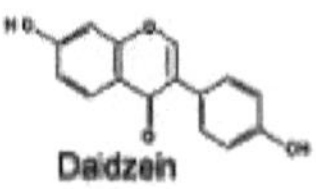

Daidzein

Figure 2

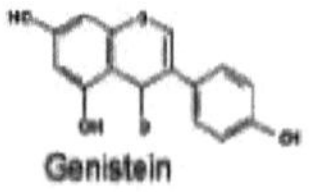

Genistein

Figure 3

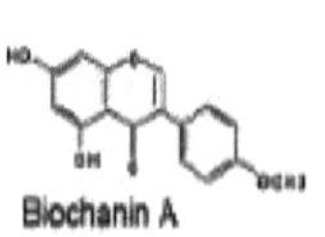

Biochanin A

Figure 4

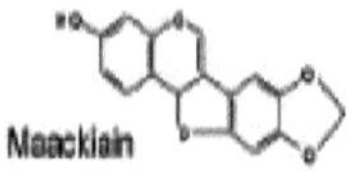

Maacklain

Figure 5

Formononetin

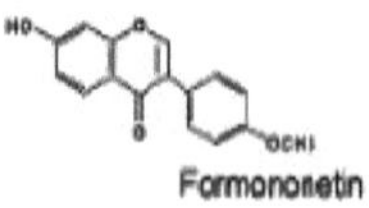

Figure 6

TRANSFORMAÇÃO GENÉTICA

A transformação mediada por *Agrobacterium* é a transformação de plantas mais fácil e mais simples. A raiz pilosa é uma doença das plantas causada pela *Agrobacterium rhizogenes* Conn., uma bactéria Gram-negativa do solo, que insere naturalmente os seus genes nas plantas e utiliza a maquinaria das plantas para expressar esses genes sob a forma de compostos que a bactéria utiliza como nutrientes. *A Agrobacterium* é bem conhecida pela sua capacidade de transferir <u>ADN</u> entre si e as plantas e, por esta razão, tornou-se uma ferramenta importante para o <u>melhoramento das plantas</u> através da <u>engenharia genética</u>. Início dos anos 80 - "a idade de ouro molecular da transformação *mediada por Agrobacterium*".

Classificação científica de *Agrobacterium*:

Kingdom	Bacteria
Phylum	Proteobacteria
Class	Alpha Proteobacteria
Order	Rhizobiales
Family	Rhizobiaceae
Genus	Agrobacterium
Species	*A. Rhizogenes*

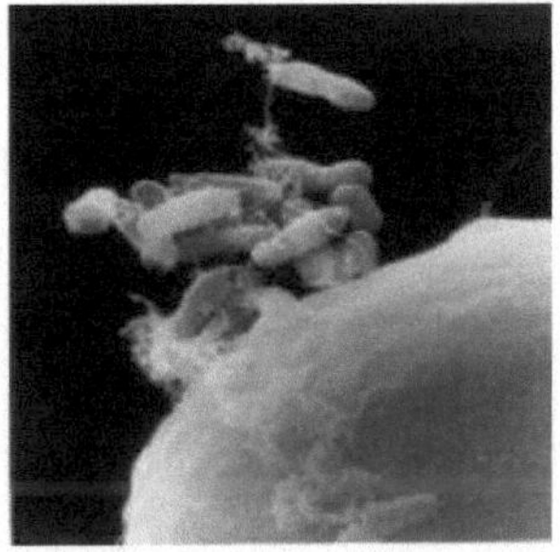

As moléculas de ADN concebidas para transferir genes de interesse para as células vegetais são geralmente designadas por **vectores**. Os elementos básicos dos vectores concebidos para transformações *mediadas por Agrobacterium* foram retirados do plasmídeo Ti- nativo.

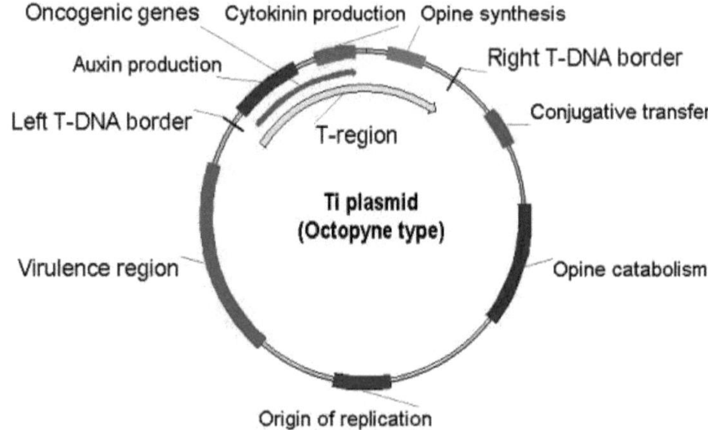

Características essenciais: São necessárias várias características essenciais para a transformação de plantas *mediada por Agrobacterium*.

- **genes *vir*:** As plantas feridas exsudam compostos fenólicos que estimulam a expressão dos genes de virulência (genes *vir*), que também estão localizados no plasmídeo Ti. Aproximadamente 25 genes vir mapeiam fora da região do T-DNA (ADN transferido) e codificam os produtos necessários para a excisão, transferência e integração do T-DNA no genoma da planta. Os genes vir actuam em *trans*, o que significa que não precisam de estar fisicamente ligados ao T-DNA para causar a integração no genoma da planta.

- **Sequências de fronteira do T-DNA:** O **ADN transferido** (denominado **ADN-T**) fazia originalmente parte de uma pequena molécula de ADN localizada fora do cromossoma da bactéria. A região do ADN-T é flanqueada em ambas as extremidades por 25 pares de bases (pb) de nucleótidos denominados **fronteiras do ADN-T**. A fronteira esquerda do T-DNA não é essencial, mas a fronteira direita é indispensável para a transferência do T-DNA. Para além das sequências de fronteira do T-DNA, a maioria dos genes do T-DNA pode ser substituída por genes de interesse a transferir para a planta. Este tipo de T-DNA modificado é geralmente designado por T-DNA mutante, T-DNA modificado ou T-DNA desarmado.

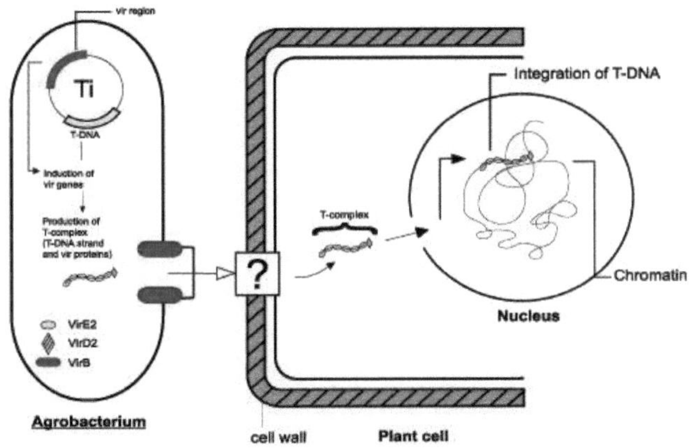

T-DNA transfer into the Plant's Genome
Adapted from Zupan et al 2000

estirpes de *agrobacterium rhizogenes* e a indução de raízes peludas:

As espécies de *Agrobacterium* têm sido utilizadas na transformação celular de plantas de várias espécies (Tepfer, 1984; Hashem, e Davey, 1992; e Reis, *et al.*, 2007). Na doença das raízes pilosas, o processo infecioso das estirpes selvagens de *A. rhizogenes* é caracterizado pelas quatro etapas seguintes: 1) movimento induzido por quimiotatismo da *Agrobacteria* em direção às células da planta; 2) ligação da bactéria aos componentes da superfície da parede celular; 3) ativação dos genes de virulência (vir), e 4) transferência e integração do transfer-DNA (T-DNA) no genoma da planta (Zupan e Zambryski, 1997). A informação genética que permite este processo de infeção está principalmente contida no plasmídeo Ri (pRi) transportado pelas bactérias. No pRi, a região *vir* concentra 6 a 8 genes envolvidos na transferência de

ADN. As regiões direita e esquerda do T-DNA (TR-DNA e TL -DNA) do pRi, delimitadas pelas suas sequências de fronteira, são as regiões que são transferidas para a planta. Na secção TR, os loci envolvidos na biossíntese de auxina são transferidos para o genoma da planta, aumentando assim o nível de auxina dos transformantes. As raízes peludas transformadas apresentaram níveis mais elevados de atividade de auxina e citocinina em comparação com as raízes de controlo não transformadas. Mais tarde, Lutova e Pavlova (1999), depois Bais e Ravishankar (2003) e, recentemente, Thimmaraju *et al.* (2008) registaram um aumento do teor de auxina nos tecidos transformados. As perspectivas de tal aumento dos níveis de atividade das fitohormonas endógenas nas células radiculares transformadas e nas plantas regeneradas derivadas, devido à inserção do Ri T-DNA na célula vegetal mediada pela *Agrobacterium rhizogenes,* ofereceriam várias vantagens para o melhoramento das culturas agrícolas. Por exemplo, o aumento das auxinas poderia aumentar a capacidade de enraizamento das estacas e da enxertia (Druart e Gruselle, 2007), que podem ser utilizadas na propagação vegetativa das plantas. Além disso, o aumento das auxinas nas células radiculares pode favorecer a sua absorção ativa, o que, por sua vez, torna as plantas incapazes de tolerar a seca e o stress salino, o que será tido em consideração em trabalhos futuros. Do mesmo modo, o aumento dos níveis de citocinina endógena das células radiculares transformadas pode induzir um aumento da taxa de divisão celular das células radiculares, o que pode estabelecer um sistema radicular bem desenvolvido.

Outros genes da secção TR são responsáveis pela síntese de opinas, que são derivados de aminoácidos açucarados invulgares utilizados pelas bactérias para a sua alimentação. Esta região pRi contém os quatro genes *rol* A, B, C e D, que aumentam a suscetibilidade das células vegetais às auxinas e citocininas e são responsáveis pela formação de raízes nos tecidos transformados (Bonhomme et al., 2000a). O fenótipo da raiz pilosa deve-se principalmente aos genes *rol* (A, B, C e D) e, em particular, ao gene *rolB*.

Seleção da linha de raiz peluda

Devido à incerteza do local de integração do T-DNA no genoma da planta hospedeira, as raízes pilosas derivadas apresentam frequentemente diferentes padrões de acumulação de metabolitos secundários. De um modo geral, as raízes pilosas são consideradas estáveis e fáceis de subcultura.

Schematic representation of Ri plasmid and Ri TL T-DNA of *A.rhizogenes*

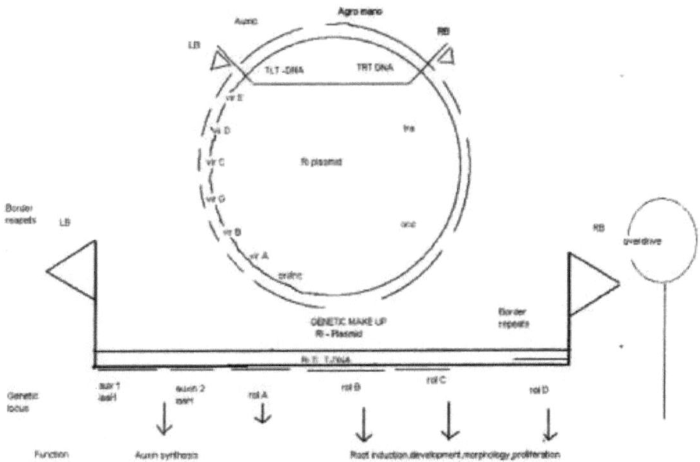

Aplicação de raízes peludas

Expressão de proteínas estranhas:

A produção de proteínas industriais e terapêuticas por plantas é uma área de grande interesse comercial. Os genes para a síntese de (PHB) e lectina foram introduzidos nas raízes peludas e corretamente processados. As plantas transformadas com proteínas virais apresentam frequentemente resistência à infeção por vírus. Torregrosa et al. (1997) conseguiram obter raízes peludas de videira

Produção de metabolitos secundários

Muitas plantas medicinais foram transformadas com sucesso por *A. rhizogenes* e as raízes pilosas induzidas apresentam uma produtividade relativamente elevada de metabolitos secundários, que são produtos farmacêuticos potencialmente importantes. Sevon (2002) resumiu os alcalóides mais importantes produzidos por raízes peludas, incluindo *Atropa belladonna L., Catharanthus tricophyllus L.* e *Datura candida L.* No entanto, por vezes a eficiência da produção de metabolitos secundários não é tão desejável. A deficiência de oxigénio é um problema habitual na cultura de raízes peludas causada por condições deficientes de mistura e transferência de massa. Para melhorar as condições de baixo oxigénio que afectam o crescimento durante a fermentação, duas enzimas, nomeadamente a Adh e a piruvato descarboxilase, foram transferidas para as raízes pilosas de Arabidopsis thaliana L. As linhas de raízes transformantes mantiveram uma taxa de crescimento semelhante, em condições de baixo oxigénio, à taxa alcançada com arejamento total (Shiao et al. 2002).

Compostos de produção não encontrados em raízes não transformadas

A transformação pode afetar a via metabólica e produzir novos compostos que não podem ser produzidos normalmente em raízes não transformadas. Por exemplo, as raízes peludas transformadas de *Scutellaria baicalensis Georg* acumularam conjugados de glucósido de flavonóides em vez dos conjugados de glucose acumulados em raízes não transformadas (Nishikawa et al. 1997).

Alteração da composição dos metabolitos

Bavage et al. (1997) relataram que a expressão de um gene da dihidroflavonol redutase de *Antirrhinum L.* resultou em alterações na estrutura e acumulação de taninos condensados em culturas de raízes de *L. conrniculatus*. A análise de linhas de culturas de raízes seleccionadas indicou a alteração dos níveis de monómeros durante o crescimento e o desenvolvimento sem alterações na composição.

Regeneração de plantas inteiras

A regeneração de plantas inteiras a partir de raízes pilosas foi registada em várias espécies de plantas. O êxito da regeneração de plantas transgénicas depende sobretudo das condições de cultura *in vitro* de cada espécie específica. No entanto, o genótipo e a juvenilidade dos explantes adequados são também muito importantes.

Via metabólica secundária em raízes transformadas

As culturas de raízes transformadas revelaram-se valiosas para o estudo das vias metabólicas secundárias, uma vez que, em geral, reflectem o funcionamento destas vias na planta, tanto na sua rota como na sua enzimologia. As características únicas das raízes transformadas, como o metabolismo hormonal alterado, as propriedades de transporte e a produção de opinas, permitem esperar que a regulação das vias secundárias nas raízes transformadas possa ser diferente. As culturas de raízes revelaram-se ideais para experiências de alimentação, uma vez que é possível alimentar quantidades relativamente elevadas de raízes em condições estéreis com precursores e avaliar os efeitos na via. As culturas de material de raízes jovens revelaram-se úteis para a extração e purificação de enzimas em plantas, uma vez que os seus níveis de substâncias inibidoras, como os fenólicos, são geralmente baixos.

O presente estudo envolve a transformação genética e estudos de cultura de células para aumentar a produção de isoflavonas em *Trifolium pratense* com os seguintes objectivos

Objectivos

- Estabelecimento de culturas *in vitro* de *Trifolium pratense*.
- Transformações genéticas utilizando diferentes estirpes de A.*rhizogenes* para a indução de raízes peludas.
- Caracterização molecular dos transformantes.
- Análise fitoquímica de culturas transformadas.
- Estudo de crescimento em culturas de suspensão celular.
- Análise fitoquímica de suspensões celulares.

Os metabolitos secundários não são produtos inertes do metabolismo, mas muitos deles podem ser metabolizados pelas células vegetais. Os metabolitos secundários são muitas vezes altamente complexos, regulados num tecido de uma forma específica em termos de desenvolvimento. Supõe-se que os metabolitos secundários das plantas desempenham papéis biológicos essenciais nas interacções planta-ambiente, bem como no crescimento e desenvolvimento das plantas. A utilização da técnica de cultura de tecidos de plantas para a produção em grande escala de metabolitos secundários é vantajosa, uma vez que existem problemas na extração de metabolitos de plantas cultivadas no campo (devido à dependência dos metabolitos secundários em relação à estação do ano e às restrições ambientais durante o cultivo). Além disso, em muitos casos, a produção de metabolitos secundários a partir de culturas de células e de raízes peludas é superior à pequena quantidade extraída de plantas cultivadas *in vitro*.

Os componentes activos do trevo vermelho são isoflavonas, flavonóides, óleos voláteis, clovamidas, cumarinas, resinas, minerais, vitaminas e fitoalexinas. O trevo vermelho é também considerado uma das fontes mais ricas de isoflavonas (substâncias químicas solúveis em água que actuam como estrogénios e que se encontram em muitas plantas). As principais isoflavonas do trevo vermelho são a daidzeína, a biochanina A, a genisteína, a maackiaína e a formononetina.

Muitos produtos de interesse são sintetizados em tecidos organizados, mas não são formados em suspensão ou cultura de calos. Por conseguinte, a maior parte da atenção tem-se centrado nas culturas de raízes. A planta transgénica," hairy root", é uma nova esperança para melhorias dramáticas na taxa de crescimento e no elevado conteúdo de produtos desejáveis. As culturas de raízes peludas parecem ser mais estáveis do que as culturas celulares. Oferecem uma vantagem adicional como fonte evolutiva para a produção de metabolitos secundários valiosos. As raízes transformadas de muitas espécies de plantas têm sido amplamente estudadas para a produção *in vitro* de metabolitos secundários. Para obter uma cultura de raízes de alta densidade, as condições de cultura devem ser mantidas a um nível ótimo.

Nos últimos 30 anos, foram efectuadas muitas tentativas para produzir compostos clinicamente úteis utilizando técnicas clássicas de cultura de células vegetais (Verpoorte *et al.*, 2002). A formação de produtos secundários foi estudada principalmente em culturas em suspensão (Zenk, 1977). A fim de produzir um composto específico para utilização comercial, é necessário obter uma linha celular estável e de elevada produção com uma taxa de crescimento satisfatória. As culturas de células vegetais têm recebido uma atenção considerável e atraído muitos investigadores através da manipulação de condições *in vitro* para aumentar a produção de metabolitos secundários, ou seja, alteração da composição do meio, alteração da luz, pH, alimentação de precursores, elicitação e imobilização.

A diversidade genética no subgrupo principal do germoplasma de trevo vermelho dos EUA foi determinada por Mosjidis e Klingler (2006). O presente estudo foi realizado para avaliar a diversidade genética no subgrupo principal utilizando as isozimas esterase, *b-glucosidase*, fosfoglucomutase, peroxidase, diaforase, fosfoglucoisomerase e superóxido dismutase. É mais provável que mantenham as frequências genotípicas e alélicas quando aumentadas. A diversidade genética ao nível da espécie era elevada e havia quase o dobro da variabilidade entre as populações selvagens do que entre as cultivares ou variedades autóctones incluídas no subconjunto principal.

A diversidade isoenzimática no trevo vermelho cultivado na América do Norte foi estabelecida por Yu et al. (2001). O conhecimento da quantidade e distribuição da variabilidade genética dentro de uma espécie é vital para os criadores e geneticistas quando seleccionam germoplasma de reprodução. Os objectivos deste estudo foram avaliar a diversidade genética em 34 cultivares de trevo vermelho da América do Norte por meio de isozimas. As isozimas analisadas foram a esterase, a *b-glucosidase*, a fosfoglucomutase, a peroxidase, a di-forase, a fosfoglucoisomerase e a superóxido dismutase.

A cultura de células de trevo vermelho como fonte de isoflavonas biologicamente activas, que têm potenciais benefícios para a densidade óssea, a saúde cardiovascular e a prevenção do cancro, foi investigada por Nanacy Engelmann (2005). As culturas de calos foram mantidas por subcultura a intervalos de 4 semanas e depois utilizadas para induzir culturas em suspensão que foram subcultivadas a intervalos de 2 semanas. Tanto os calos como as culturas em suspensão foram cultivados no escuro ou à luz. As células foram posteriormente colhidas, extraídas com metanol e analisadas quanto ao teor de isoflavonas. Foram encontrados rendimentos 10 vezes mais elevados de formononetina e biochanina A em culturas de suspensão derivadas do pecíolo mantidas na escuridão. *A* estirpe 8196 do tipo selvagem de *Agrobacterium rhizogenes* induziu raízes peludas no local do ferimento por estocada no trevo vermelho. As raízes excisadas que cresceram rapidamente em meio sem hormonas eram altamente ramificadas e não tinham geotropismo. (Beach e Gresshol 2004).

Os níveis alterados de isoflavonas nas folhas do trevo-violeta (*Trifolium pratense* L.) com nodulação radicular perturbada em resposta ao alagamento foram relatados por Rijke et al. (2005). Os isoflavonóides estão envolvidos na regulação da atividade dos nódulos radiculares e no estabelecimento da associação micorrízica. Em resposta ao alagamento, as concentrações de biochanina A e biochanina AY7-O-glucosideYmalonate, biochanina AY7-O-glucoside, e genisteínaY7-O-glucoside nas folhas aumentaram duas a três vezes após um período de atraso de 3 semanas devido à perturbação da nodulação da raiz. As outras isoflavonas detectadas Vformononetina, formononetinaY7-O-glucosídeoYmalonato e formonononetinaY7-O-glucosídeoVnão mostraram quaisquer alterações significativas relacionadas com o encharcamento. Após o restabelecimento das condições hídricas normais do solo, as concentrações de biochanina A e dos respectivos glucósido e glucósido-timalonato regressaram rapidamente aos valores iniciais, ao passo que a concentração de genisteína-Y7-O-glucósido se manteve elevada.

Chan et al. (2003) descobriram que a isoflavona biochanina A do trevo vermelho (*Trifolium pratense*) modula as vias de biotransformação do 7, 12-dimetilbenz[a]antraceno. A partir dos resultados obtidos nos ensaios semi-quantitativos de transcrição reversa-reação em cadeia da polimerase e do elemento de resposta a xenobióticos (XRE)-repórter de luciferase, a biochanina A poderia reduzir as abundâncias de mRNA CYP1A1 e -1B1 induzidas por xenobióticos através da interferência da transactivação dependente de XRE. Uma vez que a biotransformação do DMBA dependia das actividades da enzima CYP1, a biochanina A foi capaz de diminuir as lesões do DMBA-DNA. O presente estudo demonstrou que a isoflavona do trevo vermelho pode proteger contra danos no ADN induzidos por hidrocarbonetos aromáticos policíclicos.

A variação sazonal das isoflavonas e da atividade estrogénica do trevo vermelho (*Trifolium pratense* L., Fabaceae) foi estabelecida por Booth et al. (2006). Os extractos auto-hidrolíticos das partes superiores do solo continham mais isoflavonas e tinham mais atividade estrogénica nas células endometriais de Ishikawa, em comparação com os extractos das cabeças das flores. O teor de daidzeína e genisteína atingiu o seu pico entre junho e julho, enquanto o teor de formononetina e biochanina A atingiu o seu pico no início de setembro. Os extractos da cabeça da flor e das partes aéreas totais apresentaram uma atividade estrogénica diferencial num ensaio de indução da fosfatase alcalina (AP) baseado em células de Ishikawa (endométrio), ao passo que não foi observada qualquer atividade diferencial para a maioria dos extractos testados num ensaio de proliferação de células MCF-7 (mama) quando testados nas mesmas concentrações finais. Estes resultados sugerem que pode ocorrer um metabolismo significativo das isoflavonas nas células MCF-7, mas não nas células Ishikawa, pelo que se aconselha prudência na escolha do bioensaio utilizado para a normalização biológica dos suplementos alimentares botânicos.

A determinação de glucosídeos malonatos de isoflavonas em extractos de *Trifolium pratense* L. (trevo vermelho): estudos de quantificação e estabilidade foram relatados por Rijke et al. (2001). As isoflavonas, os seus glucósidos e os seus glucósidos malonatos foram determinados em extractos de folhas de trevo vermelho utilizando LC de fase inversa acoplado a espetrometria de massa de ionização química de pressão atmosférica (APCI-MS), detectores de UV e de fluorescência e a estabilidade dos malonatos foi investigada. Os extractos podem ser armazenados durante pelo menos 1-2 semanas a -20°C sem perda de malonatos. Nas fracções separadas por LC, os malonatos são mais estáveis quando armazenados a baixa temperatura após evaporação até à secura. As concentrações das oito principais isoflavonas variaram de 0,04 a 5 mg/g de folhas.

Composição volátil das forragens de trevo vermelho (*Trifolium pratense* L.) em Portugal: A influência do estádio de maturação e da ensilagem foi investigada por Ricardo Figueiredo et al. (2007). Os compostos orgânicos voláteis (COVs) de três forragens diferentes de trevo vermelho (*Trifolium pratense L.*), planta fresca, feno e silagem, foram analisados usando GC e GC/MS. Comparando a composição volátil das forragens de feno e silagem de trevo vermelho com a correspondente planta verde, os efeitos da maturação e do metabolismo secundário pós-colheita podem ser notados no feno e na ensilagem. No feno, observam-se reduções das percentagens de álcoois, como o 3-metilbutanol e o 1-hexanol, de aldeídos e de cetonas de baixo ponto de ebulição.

A identificação de voláteis de extractos de raízes de trevo vermelho (*Trifolium pratense*) com diferentes idades e as respostas comportamentais da broca da raiz do trevo (*Hylastinus obscurus*) (Marsham) (Coleoptera: Scolytidae) aos mesmos foram relatadas por Tania Tapia et al. (2007). Foram obtidos extractos de raízes de trevo vermelho (*Trifolium pratense*) com 1,5 e 2,5 anos de idade utilizando extração com fluido supercrítico (SFE). A análise GC-MS e os índices de Kovats permitiram a identificação dos compostos voláteis como acetato de butilo, *E-2-hexenal*, α-pineno, benzaldeído, 6-metil-5-hepten-2-ona, limoneno, acetofenona, benzoato de metilo, nonanal, ácido octanóico e decanal. Um aumento do teor de limoneno e uma diminuição do teor de *E-2-hexenal* foram correlacionados com uma perda de atração pelas raízes de trevo com 2,5 anos.

A produção de plantas híbridas interespecíficas de trevo a partir do cruzamento de *Trifolium sarosiinse* Hazsl. com *T.pratense* foi demonstrada por Phillips et al. (2004). A caraterística geneticamente determinada da marca foliar transportada pelo progenitor estaminado e o hábito radicular rizomatoso do progenitor pistilado foram expressos em plantas híbridas. O impacto dos nódulos *de Rhizobium* em *Trifolium pratense* foi estudado por Wolfson (2004).

29

Um extrato clínico de fase II de trevo vermelho (*Trifolium pratense*) com atividade opiácea foi encontrado por Hani et al. (2007). Estes resultados sugerem, pela primeira vez, um novo mecanismo de ação potencial da TP nos receptores opiáceos. O papel essencial do sistema opióide na regulação da temperatura, do humor e dos níveis e acções hormonais pode explicar o efeito benéfico do *Trifolium pratense* no alívio dos sintomas da menopausa.

Burdette et al. (2001) descobriram que *o Trifolium pratense* (trevo vermelho) apresenta efeitos estrogénicos *in vivo* em ratos Sprague-Dawley ovariectomizados. Um extrato de trevo vermelho, normalizado para conter 15% de isoflavonas, foi administrado por gavagem [250, 500 e 750 mg/ (kg - d)] a ratas Sprague-Dawley virgens, ovariectomizadas com 50 dias de idade , durante 21 dias na presença e ausência de 17ß-estradiol [50 µg/ (kg - d)]. Os efeitos estrogénicos incluíram um aumento do peso uterino, da cornificação das células vaginais e da ramificação dos ductos da glândula mamária. Não foram observadas propriedades antiestrogénicas nem propriedades estrogénicas aditivas em nenhum dos tecidos estudados. Estes dados sugerem que o extrato de trevo vermelho é fracamente estrogénico no modelo de ratazana ovariectomizada.

APLICAÇÕES DE RAÍZES PELUDAS TRANSGÉNICAS PARA METABÓLITOS:

S.N.	Planta	Metabolitos secundários	Referência
1.	*Aconitum heterophyllu*	Aconites	Giri et.al (1997)
2.	*Ajuga reptans*	Esteróides fitoecídicos	Matsumato e Tanaka (19
3.	*Ambrosia sps*	Poliacetilenos e tiofenos	Flores et.al. (1987 b)
4.	*Amsonia elliptica*	Alcalóides do indole	Sauerwein et.al (1991 a)
5.	*Anisodous lurides*	Peroxidase de alcalóides tropano	Jobanovic et.al (1991), Taya et.al (1981)
6.	*Armoriacia laphthifol*	Isoperoxidase fusicocina	Saito At (1991), Babakove et al. (1995)
7.	*Artemisia absinthum*	Óleos essenciais	Bub et.al. (1997)
8.	*Artemisia annua*	Artemisinina	Jaziri et.al (1995),

			Teoh et.al. (1996), Weather et.al (1994)
9.	*Astragallus monghlicu Atropa bellaclonna*	Saponina cicloartânica Atropina	Ionkava et al (1997), Christen et.al (1989), Lee et al (1998)
10.	*Azadirachta indica A.juss*	Azadiractina	Allan et.al (1986)
11.	*Beta vulgaris*	Pigmentos de betalina	Hamill et.al (1986) Taya et.al (1992)
12.	*Bidens sps.*	Poliacilenos e tiofenos	Flores et al (1987 b)
13.	*Brugmansia candida*	Alcalóides do tropano	Giulietti et.al (1993)
14.	*Calystegia sepium*	cuscohygrine	Sandra et.al (1999), Jung Tefper (1987), Bhadra et. (1993)
15.	*Campânula média*	Poliacetilenos	Tada et.al (1996)
16.	*Cártamo*	Tiofenos	Flores et.al (1987 b)
17.	*Cassia obtusifolia*	Antraquiona	Asamizu et.al (1998)
18.	*Catharanthus roseus*	Pigmento polipeptídico, alcalóides de indol ajmalicina	Ko et.al (1995), Parr et.al (1998), Toivenen et.al (1 1990)
19.	*Catharanthus trieophy*	Alcalóides do indole	Davioiud et.al (1989)
20	*Borracha de Centrant*	valepotriados	Grancher et.al (1995 b), Christen et.al (1999)
21.	*Chaentis douglasis*	Tiarubrinas	Constable e Towers (199
22.	*Cincholona ledgerian*	quinino	Hamil et.al (1989)
23.	*Coleus forskohlii*	Forskolin	Sasaki et.al (1998)
24.	*Coluria geoides*	eugenol	Olszowaska et.al (1996)
25.	*Coreopsis*	poliacetileno	Marchan (1998)
26.	*Datura candida*	Escopolamina, hiosciami	Christen et al (1989)
27.	*Datura stramonium*	Hiosciamina, sesquiterpe	Poyne et.al (1987), Furze et.al (1991)
28.	*Daucus carota*	Flavonóides, antocianina	Belirhid et.al (1993), Kim et.al (1994)
29.	*Digitalis purpurea*	Glicosídeo cardioactivo	Saito et.al (1990)
30.	*Dubolisia myoporodie*	Escopolamina	Deno et.al (1987 b)
31.	*Dubolisia leichnardtil*	escopolamina	Maranak et.al (1991)
32.	*Echinacea purpurea*	alcamidas	Trypsteen et al (1991)
33.	*Forgra zanthoryloides Lam*	Benzofenantridina, fluquinolina, alanina	Couelle rot et.al (1999)
34.	*Fagopiro*	Flavanal	Tortin et.al (1993)
35.	*Fragaria*	Polifenóis	Motomoria et.al (1995), Ishimaru
36.	*Gerânio Thubergee*	Taninos	Shimomura (1991)
37.	*Glycyrrhiza glabra*	flavonóides	Asad et al (1998)
38.	*Gynostemma pentafilo*	saponina	Fei et al (1993)
39.	*Hysocuamus albus*	Alcalóides do tropano fitoalexinas	Sauewein et al (1992) kuroyanagi et al (1998)
40.	*Hysoscymus muticus*	Tropano, alcalóides Hiosciamina, prolina	Vanhala et al (1995), Sev et al (1997), Halperin

			e Flores (1997)
41.	*Hysoscymus niger*	Hiosciamina	Jaziri et al (1998)
42.	*Hyscopus officinalis*	Ácido rosanárico e fenóli afins	Maurakami et al (1998)
43.	*Lactuca virosa*	Sesquiterpenos, lactonas	Kisiel et al (1995)
44.	*Lawsonia inermis*	Pedra da lei	Bakkali et al (1997)
45.	*Lentopodium alpinum*	Antocianinas e substânci essenciais óleos	Gancho (1994)
46.	*Linum flavum*	Lignanos [5-metaxipodofilotoxinas]	Oostdam et al (1993)
47.	*Lippia, dulcis*	Sesquiterpenos [herandul	Sauerwein (1991 a)
48.	*Lithospermum eritrorhizon*	Shikonina benzoquinona	Shimomura et al (1991), Fukki et al (1998)
49.	*Lobélia cardinalis*	Poliacetileno	Yamanaka et al (1996)
50.	*Lobélia insuflada*	Glucósidos lobelina, poliacetileno	Yonemitsu et al (1990)
51.	*Lotus corniculatus*	Taninos condensados	Carron et al (1994)
52.	*Nicotiana hesperis*	Nicotina, anatabina	Paar e Hami et al (1987), (1986)
53.	*Nicotiana rustica*	Nicotina, anatabina	Flores e Filner (1985)
54.	*Nicotiana tabacum*	Nicotina, anatabina	Yoshikawa e Furuya (198
55.	*Parax ginseng*	saponinas	Yoshimastu et al (1996)
56.	*Panax hylori (p.ginse xp, quinifolium)*	ginsenósidos	Washida et al (1998)
57.	*Papaver somniferum*	Codeína	Yoshimatus e Shimomur (1992) William e Ellis (1993), Ben et al (1998)
58.	*Perezia cuernavacana*	Sesquiterpeno, quinona	Arellon et al (1996)
59.	*Pimpinella anisum*	Óleos essenciais	Santos et al (1998)
60.	*Platycodon grandiflor*	Poliacetileno, glucósidos	Tada et al (1995 b), Ahn et al (1996)
61.	*Psoralea sps.*	flavonóides	Bouguard et al (1994)
62.	*Rauwolfia serpentina*	reserpina	Sato et al 91991), Benjan et al (1994)
63.	*Rubia peregrina*	Antraquinonas	Lodhi et al (1996)
64.	*Rubia tinctorum*	Antraquinonas	Sato et al (1991)
65.	*Rudbekia sps.*	Poliacetilenos e tiofenos	Flores et al (1987)
66.	*Saliva mittorhzia*	Diterpenóides	Hu e Alfermuon (1993)
67.	*Scoparia*	Metoxibenzoxazolinona	Hayashi et al (1994)
68.	*Scopolia japonica*	hiosciamina	Mano et.al(1987)
69.	*Scutellia baicalensis*	Flavonóides e feniletnoides	Zhou et.al(1997)
70.	*Seratula tintoria*	Esteróides Ecdy	Delbecque et.al(1995)
71.	*Sesamum indicum*	Naftoquinona	Ogaswara et.al(1993)
72.	*Solanum acleatissi*	Saponina esteroidal	Ikenaga et. Al(1995)yu e (1996)
73.	*Solanum aviculare*	Alcalóides esteroidais	Kittipongaptam et.al (199
74.	*Swartia galegifolia*	swainsonina	Ermayanti et al (1994)

75.	*Solanum lacinialum*	Alcalóides esteroidais	Hamil et al (1990)
76.	*Swertial japonica*	xantonas	Ishimaru et al (1990)
77.	*Tagetus erecta*	xantonas	Shin & Hjortos (1998)
78.	*Tagetus putula*	Tiofebos	Flores et al (1987 b), Arr et al (1995)
79.	*Tanacetum partheniun*	Éter sesquiterpénico de cumarina	Kiselsto Jakwashs (1997)
80.	*Tricosanthes kirilowil maxim var japonicum*	Proteínas relacionadas co defesa	Savary e Flores (1994)
81.	*Trigenella foenum graecum*	Diosgenina	Merklin et al (1997)
82.	*Valeriana officinalis L*	valepotriados	Gronicher et al (1994)
83.	*Vinca minar*	Alcalóides do indole [vincamina]	Tanak et al (1994)
84.	*Withania somnifera*	Withanoides	Banarjee et al (1994)

A transformação *mediada por Agrobacterium rhizogenes* de culturas de raízes de papoila do ópio, Papaver somniferum l., e de papoila da Califórnia, Eschscholzia californica cham., foi descrita por <u>Park</u> e <u>Facchini</u> (2000). Para caraterizar as raízes transgénicas putativas, os tecidos dos explantes foram co-cultivados com a estirpe mais eficaz de *A. rhizogenes* (R1000) portadora do vetor binário pBI121. As raízes transformadas de ambas as espécies apresentaram características anatómicas e perfis de alcalóides de benzilisoquinolina praticamente idênticos aos das raízes de tipo selvagem. As culturas de raízes transgénicas de papoila do ópio e papoila da Califórnia constituem um sistema modelo simples, fiável e bem definido para investigar a regulação molecular e metabólica da biossíntese de alcalóides de benzilisoquinolina e para avaliar o potencial de engenharia genética destas importantes plantas medicinais.

A transformação genética de *Tylophora indica* com *Agrobacterium rhizogenes* A4: o crescimento e a produtividade de tiloforina em diferentes clones de raízes transformadas foi relatada por Chaudhuri et al. (2005). A presença do DNA transferido para a esquerda (T(L)-DNA) no genoma das raízes de *T. indica* induzidas por *A. rhizogenes* foi confirmada pela amplificação por PCR dos genes do locus de enraizamento de *A. rhizogenes*. O crescimento da raiz e a produção de tiloforina, o principal alcaloide da planta, variaram substancialmente entre os nove clones de raiz estudados. Ambos os parâmetros aumentaram ao longo do tempo em culturas líquidas, com a biomassa máxima e a acumulação de tiloforina a ocorrerem dentro de 4-6 semanas de crescimento em meio fresco.

Transformação genética de *Gentiana macrophylla* com *Agrobacterium rhizogenes*: O crescimento e a produção de glicosídeo secoiridoide gentiopicrosídeo em culturas de raízes peludas transformadas foi relatado por Tiwari et al.(2007) . A análise de PCR e de hibridação Southern revelou a integração de T-DNA à esquerda e à direita nos clones de raiz e a análise de RT-PCR confirmou a expressão do gene induzível de raiz peluda. O ensaio GUS também foi efectuado para confirmar a integração do T-DNA esquerdo. O aumento da biomassa foi mais abundante e máximo entre 15 e 30 dias.

As raízes de plantas geneticamente transformadas como modelo para o estudo do metabolismo específico e dos contactos simbióticos do sistema radicular foram investigadas por Kuzovkina et al. (2004). O co-cultivo de raízes transformadas pRi T-DNA com fungos micorrízicos arbusculares torna possível o estudo vital de todas as fases de desenvolvimento e interação do simbionte obrigatório com as raízes das plantas. A cultura axénica mista de fungos AM e plantas transformadas pRi T-DNA pode ser utilizada para construir uma coleção das espécies de fungos endomicorrízicos mais valiosas e para produzir quantidades consideráveis de inóculos fúngicos homogéneos.

A transformação de Saussurea medusa para obter raízes peludas e produção de jaceosidina foi descoberta por Zhao et al. (2004). Plântulas de Saussurea medusa cultivadas axenicamente foram inoculadas com quatro estirpes de *Agrobacterium rhizogenes*, e foram estabelecidas linhas de raízes peludas com a estirpe R1601 de *A. rhizogenes* em meio N6. No meio N6, a biomassa máxima das culturas de raízes peludas foi atingida [8 g (peso seco) por litro; rácio de crescimento 35 vezes] após 21 dias de cultura. A quantidade de jaceosidina extraída das culturas de raízes peludas foi de 46 mg/l (rácio de produção de 37 vezes) após 27 dias de cultura. O teor máximo de jaceosidina obtido com o meio N6 foi superior ao obtido com o meio Modified White, MS ou B5. No meio N6, os segmentos das pontas foram mais eficazes no crescimento de raízes peludas e na produção de jaceosidina do que as regiões média e basal da raiz.

Sharma et al. (2009) estabeleceram um procedimento simples e eficiente *mediado por Agrobacterium* para a transformação de tomate. Foram optimizadas condições como o período de co-cultura, a concentração bacteriana, a concentração de benzil amino purina (BAP), zeatina e ácido indol acético (IAA). A co-cultura de explantes com uma concentração bacteriana de 108 células/ml durante três dias em 2 mg/l de BAP, seguida de regeneração num meio contendo 1 mg/ml de zeatina, resultou numa frequência de transformação de 41,4%. A transformação de plantas de tomate foi confirmada por análise de Southern blot e ensaio de *β-glucuronidase* (GUS). O protocolo desenvolvido mostrou uma eficiência muito elevada de transformação para variedades de tomate.

A transformação genética *mediada por Agrobacterium* do ananás var. Queen utilizando uma nova técnica de seleção antibiótica baseada no encapsulamento foi estabelecida por Gangopadhyay et al. (2009). Foi alcançada uma elevada eficiência de transformação, expressa como a percentagem média de micro rebentos transgénicos regenerados a partir de explantes de calos iniciais (20,6%), utilizando um novo procedimento de seleção de antibióticos baseado no encapsulamento. Os micro rebentos *infectados com Agrobacterium* derivados de explantes de calo sobreviveram à seleção em concentrações elevadas de higromicina (60 mg l-1 e mais) em esferas de alginato encapsuladas. A integração do transgene em rebentos e plantas resistentes à higromicina foi confirmada por ensaio histoquímico GUS, amplificação PCR e hibridação Southern. É possível eliminar em grande medida os falsos positivos de antibióticos no programa de transformação do ananás seguindo este procedimento.

Dilek Dogan et al. (2005) investigaram a formação de tumores e raízes peludas mediada por *Agrobacterium* em diferentes explantes de lentilhas derivadas de plântulas jovens. Quatro cultivares de lentilhas *(Lens culinaris* Medik) foram tratadas com a estirpe super virulenta A281 (pTiBo 542) pBI121.1 de *Agrobacterium tumefaciens* e com a estirpe 15834 (pR 15834) de *A. rhizogenes* para avaliar o seu comportamento relativamente à formação de tumores e ao enraizamento, respetivamente. Foi observada uma elevada frequência de formação de tumores a partir do nó cotiledonar e com formação variável de tumores nos meristemas dos rebentos, que deram origem a rebentos em todas as cultivares. O enraizamento só foi observado na cultivar Erzurum 89. Observou-se que *A. rhizogenes induziu* raízes no escuro. Verificou-se que a luz inibia o enraizamento nos explantes tratados. A análise histoquímica de GUS mostrou resultados variáveis de tumores e rebentos.

A estimativa das auxinas e citocininas endógenas em raízes peludas incitadas em plantas de *Solanum Dulcamara* pelo plasmídeo Ri de *Agrobacterium rhizogenes* foi relatada por Hashem (2009). *As* estirpes 8196 e A4T de *Agrobacterium rhizogenes* apresentaram níveis mais elevados de atividade de auxina e citocinina em comparação com as raízes de controlo não transformadas. As pitohormonas endógenas; auxinas e citocininas foram determinadas em extractos fraccionados de acetato de etilo utilizando métodos de bioensaio do teste do coleóptilo de Hordium para as auxinas e do teste da folha cotiledonar de Cucurbita para as citocininas. Os resultados obtidos deram uma excelente explicação para as características de crescimento exibidas pelas raízes peludas transformadas, por exemplo, crescimento rápido e ramificação intensa enquanto cresciam em meios sem fitohormonas MS. Os resultados obtidos concordam com relatórios anteriores que declaram que o Ri T-DNA envolve o gene que codifica certas enzimas que partilham a biossíntese de auxina e citocinina.

Cogan et al. (2002) identificaram factores genéticos que controlam a eficiência da transformação *mediada por Agrobacterium rhizogenes* em *Brassica oleracea* através da análise de QTL. Foram identificados três QTL para a produção de raízes fluorescentes com proteína verde (GFP) e quatro QTL para a produção de raízes adventícias, que representam 26% e 32% da variação genética na população, respetivamente. Este é o primeiro estudo a identificar regiões genéticas que co-regulam a produção de raízes transgénicas e adventícias dentro dos limites de um processo de transformação *mediado por A. rhizogenes*. Foram identificados genótipos de plantas que não produzem raízes transgénicas, que podem ser deficientes para a integração do ADN-T através de recombinação ilegítima e que podem também ser potencialmente importantes para o desenvolvimento de protocolos de recombinação homóloga. Foram também identificados genótipos de plantas com elevadas taxas de produção de raízes transgénicas, que serão fundamentais para o desenvolvimento de sistemas de transformação de elevado rendimento.

A geração de plantas compostas utilizando *Agrobacterium rhizogenes* foi descoberta por Taylor et al. (2006). As plantas compostas são geradas através da inoculação de rebentos de tipo selvagem com *Agrobacterium rhizogenes*, que subsequentemente induz a formação de raízes transgénicas. O sistema de plantas compostas permite testar os transgenes "na raiz" no contexto de uma planta completa e pode ser analisado numa série de análises da função genética e de estudos de interação planta-micróbio. As plantas compostas geradas por estes métodos podem ser tratadas como "plantas normais", plantadas no solo e cultivadas em estufas ou em câmaras de crescimento. É utilizado para muitas espécies diferentes de plantas, incluindo várias que são recalcitrantes à transformação.

A indução e o crescimento de raízes peludas para a produção de compostos medicinais foram registados por Bensaddek et al. (2008). As condições de transformação (natureza e idade dos explantes, estirpe bacteriana, densidade bacteriana e protocolo de infeção) influenciam profundamente a frequência dos eventos de transformação, bem como o crescimento e a produtividade das raízes peludas. Por conseguinte, a otimização dos parâmetros de cultura (constituintes do meio, elicitação por stress biótico ou abiótico) pode aumentar a capacidade das raízes peludas para crescerem rapidamente e produzirem compostos valiosos.

A indução e a cultura in vitro de raízes pilosas de *Solanum nigrum* L.var.pauciflorum Liou e a sua produção de solasodina reflectiram-se no estudo de Wu et al. (2008). As raízes peludas podem produzir metabolitos secundários medicinais solasodina e a quantidade de solasodina nas culturas de raízes peludas atingiu um nível de 582,05 microg/g de peso seco e foi 1,31 vezes superior à das raízes não transformadas. Durante a cultura líquida, o NO3(-) e o NH4(+) do meio foram gradualmente absorvidos e utilizados pelas raízes peludas. O NH4 (+) -N do meio foi consumido no 15º dia de cultura, enquanto o NO3 (-) do meio não foi consumido, sendo o seu teor de 44,7% da quantidade inicial. O Ca2+ do meio foi gradualmente absorvido e utilizado durante a cultura líquida e não foi consumido no dia 25, sendo o seu teor ainda 43,5% da quantidade inicial. Os resultados aqui apresentados forneceram as possibilidades de preparar um meio ótimo para a cultura em grande escala e a produção de solasodina a partir de raízes peludas de *S. nigrum L. var. pauciflorum.*

As raízes adventícias e o metabolismo secundário foram referidos por Murthy et al. (2008). As raízes adventícias foram induzidas com êxito em muitas espécies de plantas e cultivadas para a produção de metabolitos secundários de elevado valor de importância farmacêutica, nutracêutica e industrial. A adoção de métodos de elicitação demonstrou uma melhor síntese de metabolitos secundários em culturas de raízes adventícias. Aqui, são resumidos os progressos feitos no passado recente na área das culturas de raízes adventícias para a produção de metabolitos secundários.

A cultura de raízes pilosas para a produção em massa de metabolitos secundários de elevado valor foi estabelecida por Srivastava e Srivastava (2007). O principal obstáculo à exploração comercial das culturas de raízes pilosas é o desenvolvimento e a ampliação de recipientes de reação adequados (biorreactores) que permitam o crescimento de tecidos interligados, normalmente distribuídos de forma desigual ao longo do recipiente. A tónica tem sido colocada na conceção de biorreactores adequados para a cultura de raízes pilosas de plantas delicadas e sensíveis. Os reactores recentes utilizados para a produção em massa de raízes pilosas podem ser divididos, grosso modo, em reactores de fase líquida, de fase gasosa ou híbridos. A presente revisão destaca a natureza, as aplicações, as perspectivas e o aumento de escala das culturas de raízes pilosas para a produção de metabolitos secundários valiosos.

A regeneração espontânea de plantas e a produção de metabólitos secundários a partir de culturas de raízes peludas de *Centaurium erythraea* Rafn foi constatada por

Angelina Subotić et al. (2009). Como as raízes peludas e as plantas regeneradas produzem glicosídeos secoiridoides amargos e xantonas semelhantes às plantas na natureza, o uso de culturas in vitro como fonte alternativa de sua produção é viável. Discute-se aqui um protocolo para a indução de rebentos adventícios e plantas transgénicas a partir de culturas de raízes peludas de *C. erythraea* e a sua análise fitoquímica.

O crescimento de culturas de raízes pilosas em vários biorreactores para a produção de metabolitos secundários foi estabelecido por Mishra e Ranjan (2008). Uma das limitações mais importantes para a exploração comercial de raízes pilosas é o desenvolvimento de tecnologias para a cultura em grande escala. A presente mini-revisão destaca várias perspectivas das culturas de raízes pilosas, descreve um estudo comparativo de aumento de escala e discute vários aspectos destas culturas quando cultivadas em vários bioreactores para a produção de metabolitos secundários.

A produção de culturas de raízes pilosas e de plantas transgénicas por transformação *mediada por Agrobacterium rhizogenes* foi relatada por Christey e Braun (2005). As raízes pilosas têm muitas aplicações para a investigação, incluindo a produção de produtos secundários e o estudo de vias bioquímicas. As plantas transgénicas regeneradas a partir de raízes pilosas apresentam frequentemente um fenótipo alterado devido à presença dos genes rol. A produção e o crescimento de culturas de raízes pilosas, a regeneração de rebentos a partir destas raízes pilosas e a realização de análises moleculares destas culturas foram aqui descritas

Raízes peludas transgénicas. Giri e Narasu (2000) referem tendências e aplicações recentes. As características reológicas do sistema heterogéneo também devem ser tidas em consideração durante a cultura em massa de raízes peludas. É igualmente necessário desenvolver modelos assistidos por computador para diferentes parâmetros, como o consumo de oxigénio e a excreção de produtos para o meio. O sistema radicular transgénico oferece um enorme potencial para a introdução de genes adicionais juntamente com os genes Ri T-DNA para alteração das vias metabólicas e produção de metabolitos úteis ou compostos de interesse.

Um sistema radicular transgénico oferece um enorme potencial para a introdução de genes adicionais juntamente com o plasmídeo Ri, especialmente com genes modificados, em células de plantas medicinais com sistemas de vetor *A. rhizogenes*. As culturas revelaram-se um instrumento valioso para estudar as propriedades bioquímicas e o perfil de expressão genética das vias metabólicas. As culturas podem ser utilizadas para elucidar os intermediários e as enzimas-chave envolvidas na biossíntese de metabolitos secundários. O presente artigo discute várias aplicações de culturas de raízes pilosas na engenharia genética de plantas e os potenciais problemas a elas associados

Os efeitos do gene rol C na raiz pilosa: o desenvolvimento da indução e a produção de alcalóides do tropano por *Atropa belladonna* foram constatados por <u>Bonhomme</u> et al. (2000). A produção de hiosciamina e escopolamina foi medida após 3 e 4 semanas de cultura para avaliar o possível papel do gene rol C na formação de alcalóides do tropano. O gene rol C, por si só, desempenhou um papel significativo na taxa de crescimento da raiz peluda (aumento de 17 vezes). No entanto, este efeito foi muito inferior ao induzido pelos genes rol ABC em conjunto (aumento de 75 vezes). O gene rol C isolado foi tão eficaz como os genes rol ABC em conjunto (valor médio de alcalóides totais: 0,36% de peso seco, ou seja, 12 vezes mais do que em raízes não transformadas) para estimular a biossíntese de alcalóides de tropano em culturas de raízes pilosas de A. belladonna.

A produção de alcalóides de tropano por raízes peludas de *Atropa belladonna* obtidas após transformação com *Agrobacterium rhizogenes* 15834 e *Agrobacterium tumefaciens* contendo apenas genes rol A, B, C foi reflectida no estudo de Bonhomme et al. (2000). Treze linhas de raízes foram estabelecidas e examinadas quanto à sua taxa de crescimento e produtividade de alcalóides para avaliar o possível papel dos genes rol na diferenciação morfológica e na formação de alcalóides de tropano. Este trabalho demonstrou que os genes rol ABC foram suficientes para aumentar a produção de alcalóides de tropano em culturas de raízes peludas de *A. belladonna*. A biomassa da raiz aumentou até 75 vezes. O conteúdo total de alcalóides foi semelhante nas linhas de raízes obtidas por infeção com *A. rhizogenes* 15834 e *A. tumefaciens* rol ABC.

A transformação *mediada por Agrobacterium rhizogenes* :culturas de raízes como fonte de alcalóides foi relatada por Sevón e Oksman-Caldentey (2002). As raízes peludas, transformadas com *Agrobacterium rhizogenes*, foram consideradas adequadas para a produção de metabolitos secundários devido à sua produtividade estável e elevada em condições de cultura sem hormonas. Foram utilizados vários métodos diferentes para aumentar a acumulação de alcalóides em culturas de raízes pilosas. Os nossos conhecimentos sobre a biossíntese de muitos alcalóides são ainda escassos. Apenas um número limitado de enzimas e os seus respectivos genes que regulam as vias biossintéticas estão completamente caracterizados.

A produção de resveratrol em culturas de raízes peludas de amendoim, *Arachis hypogaea* L., transformadas com diferentes estirpes de *Agrobacterium rhizogenes* foi demonstrada por Kim et al. (2008). Cinco estirpes diferentes de *Agrobacterium rhizogenes* diferiram na sua capacidade de induzir raízes peludas de amendoim (*Arachis hypogaea* L.) e também mostraram efeitos variáveis no crescimento e na produção de resveratrol em culturas de raízes peludas. *A. rhizogenes* .R1601 é a estirpe mais eficaz para a indução (75,8%), o crescimento (7,6 g/l) e a produção de resveratrol (1,5 mg/g) em raízes pilosas de amendoim. Os nossos resultados demonstram que a utilização de estirpes adequadas de *A. rhizogenes* pode permitir o estudo da regulação da biossíntese de resveratrol em culturas de raízes pilosas de *A. hypogaea*.

A produção de proteínas recombinantes em raízes peludas cultivadas em biorreactores de manga plástica foi estabelecida por Medina-Bolivar e Cramer (2004). A expressão de proteínas recombinantes em plantas oferece vantagens significativas em relação aos sistemas baseados em células e animais transgénicos. A utilização do sistema de biorreactores de manga de plástico para a expressão de proteínas em raízes peludas permite a produção contínua ou induzida e a recuperação, mantendo o confinamento absoluto, do produto recombinante. A proteína verde fluorescente (GFP) foi utilizada como proteína modelo e foi expressa para secreção em culturas de raízes pilosas de tabaco. Para a produção em grande escala de GFP, foi adaptado o biorreactor de manga de plástico da marca Life-Reator para o crescimento de raízes pilosas em culturas que contêm até 5 L de meio.

A produção de interleucina-12 de ratinho é maior em raízes pilosas de tabaco cultivadas num reator de nebulização do que num reator de transporte aéreo foi constatada por Liu et al. (2009). O crescimento e a produtividade de uma linha de raízes pilosas de tabaco que produz interleucina 12 murina (mIL-12) cultivada em três sistemas de cultura diferentes: frascos agitados, um reator de transporte aéreo e um reator de nebulização expansível foram comparados. A qualidade das raízes foi melhor tanto nos frascos agitados como no reator de nebulização do que no reator de transporte aéreo. A atividade da protease no meio aumentou de forma constante durante a cultura das raízes nos três sistemas. Esta é a primeira descrição da conceção e funcionamento de uma versão escalável de um bioreactor de nebulização que utiliza um saco de plástico. Este é também o primeiro relatório de níveis razoáveis de produção de mIL-12 funcional, ou de qualquer proteína, produzida por raízes peludas cultivadas num reator de névoa. Os resultados revelaram-se úteis para estudos posteriores de otimização e aumento de escala de proteínas terapêuticas produzidas por plantas.

Hairy Roots: From High-Value Metabolite Production to Phytoremediation (Da Produção de Metabolitos de Elevado Valor à Fitorremediação) foi relatado por Walter Suza et al. (2008). A tecnologia das raízes peludas tem potencial para se tornar uma excelente plataforma para o estudo de numerosos aspectos relacionados com a fitoremediação. Isto deve-se ao facto de as raízes peludas poderem ser cultivadas em grande massa em meios de cultura num ambiente controlado e, por conseguinte, poderem ser submetidas a vários ensaios fisiológicos. Além disso, estas raízes transformadas são passíveis de manipulação genética e podem facilitar a caraterização de genes que influenciam a capacidade de fitorremediação das plantas. Esta revisão destaca os recentes avanços na utilização de raízes pilosas para avaliar o potencial das plantas na remoção de importantes poluentes da água e do solo, tais como metais, explosivos, radionuclídeos, insecticidas e antibióticos.

A investigação sobre as raízes pilosas: cenário recente e perspectivas interessantes foi investigada por Guillon et al. (2006). As raízes pilosas podem também produzir proteínas recombinantes a partir de raízes transgénicas, apresentando assim um enorme potencial para a indústria farmacêutica. As raízes pilosas também são promissoras para a fitorremediação devido à sua abundante proliferação de raízes neoplásicas. Os progressos recentes no aumento da escala das culturas de raízes pilosas estão a tornar este sistema uma ferramenta atraente para os processos industriais.

O crescimento de culturas de raízes peludas em vários bioreactores para a produção de metabolitos secundários foi investigado por Mishra e Ranjan (2008). Apesar de as raízes transformadas terem sido cultivadas em vários biorreactores - tanque agitado, coluna de bolhas, airlift ou submerso, leito de gotejamento e névoa de nutrientes - a questão de saber qual destas alternativas pode ser aumentada com êxito e de forma económica ainda não foi definitivamente respondida. Foram aqui discutidas várias perspectivas das culturas de raízes pilosas, um estudo comparativo de aumento de escala e vários aspectos destas culturas quando cultivadas em vários bioreactores para a produção de metabolitos secundários.

O bioprocessamento de culturas de células vegetais para a produção em massa de compostos específicos foi descoberto por Georgiev et al. (2009). A cultura de células vegetais é a única forma economicamente viável de produzir alguns metabolitos de elevado valor (por exemplo, paclitaxel) a partir de plantas raras e/ou ameaçadas. Avanços recentes nos aspectos de bioprocessamento de culturas de células vegetais, desde a cultura de calos até à formação de produtos, com especial ênfase no desenvolvimento de configurações adequadas de biorreactores (por exemplo, reactores descartáveis) para processos baseados em culturas de células vegetais; a otimização dos ambientes de cultura em biorreactores como um meio poderoso para melhorar os rendimentos é aqui resumida; são também consideradas as tendências recentes no processamento a jusante.

Tecnologia de biorreactores: uma nova ferramenta industrial para a produção de alta tecnologia de moléculas bioactivas e produtos biofarmacêuticos a partir de raízes de plantas foi investigada por <u>Sivakumar</u> (2006). As vacinas e os anticorpos monoclonais de diagnóstico podem ser obtidos a partir das suas raízes, pelo que as plantas artificiais têm um enorme potencial para a indústria biofarmacêutica. Para obter quantidades suficientes de moléculas bioactivas de plantas para aplicação na terapia humana, as raízes adventícias e peludas têm de ser cultivadas em sistemas *in vitro*. Foi recentemente criada uma tecnologia de biorreactores de alta tecnologia à escala piloto para o estabelecimento de uma cultura de longo prazo de raízes adventícias de plantas biofarmacêuticas. Nesta revisão, foram discutidas as tecnologias de cultivo de raízes adventícias e peludas de plantas ricas em moléculas bioactivas.

A produção melhorada de ginsenósidos em culturas de suspensão de ginseng através da estratégia de reposição do meio foi registada por Jeong et al. (2008). A estratégia de reabastecimento do meio (com meio MS de 1,0 força após 20 d de cultura) melhorou significativamente o crescimento de raízes adventícias e a biossíntese de ginsenósidos pelas raízes adventícias. Este trabalho é útil para o cultivo em larga escala de raízes adventícias para a produção de ginsenósidos.

MATERIAIS E MÉTODOS....

Os procedimentos experimentais utilizados no presente estudo incluem a cultura *in vitro* de *Trifolium pratense,* estudos de transformação genética utilizando diferentes estirpes de *Agrobacterium rhizogenes* e a sua cinética de crescimento.

Preparação de meios para experiências de cultura de tecidos

A esterilização é um procedimento utilizado para eliminar os microrganismos. A manutenção de condições assépticas (isentas de todos os microrganismos) ou estéreis é essencial para o êxito dos procedimentos de cultura de tecidos. A técnica de cultura *in vitro* requer a esterilização de todos os recipientes de cultura, meios e instrumentos utilizados, bem como dos tecidos vegetais (explantes). Todas as operações são efectuadas em câmaras de fluxo de ar laminar.

Esterilização de recipientes e instrumentos de cultura

Os recipientes de cultura e os instrumentos foram esterilizados por exposição a ar quente e seco (160°C) durante 2-4 horas num forno de ar quente e, subsequentemente, numa autoclave a 121°C sob 15 lbs durante 15-20 minutos. Todos os recipientes foram devidamente selados com folha de alumínio antes da esterilização.

Esterilização de meios nutritivos

O meio nutritivo utilizado nas presentes investigações foi esterilizado numa autoclave a 121°C sob 15 lbs durante 15-20 minutos. Água destilada, micro nutrientes, macro nutrientes e outras misturas estáveis foram esterilizadas em autoclave. Enquanto que as soluções que contêm compostos termo-lábeis foram esterilizadas por filtro. Todos os produtos químicos termo-lábeis foram esterilizados por filtração utilizando Millipore ou uma unidade de filtração accionada por seringa (Millipore Corporation, Bed Ford, E.U.A.) com filtros Millipore de 0,02 µm. As soluções esterilizadas por filtro foram adicionadas a outras substâncias nutritivas esterilizadas numa autoclave. As soluções esterilizadas por filtro foram armazenadas a -20°C. Os meios de cultura em recipientes de vidro foram selados com tampões de algodão e autoclavados a 15 lbs a 121°C durante 15-20 minutos.

Preparação de meios de cultura

Os meios utilizados para a cultura *in vitro* de *Trifolium pratense* incluem MS (Murashige e Skoog 1962). As composições dos meios são apresentadas no **quadro 2.**

Material vegetal

No presente estudo, o material vegetal utilizado é *Trifolium pratense*, pertencente à família Fabaceae. As sementes de *Trifolium pratense* foram colhidas nos EUA. Foram utilizadas secções de folhas, secções de pecíolos, pontas de rebentos e vagens verdes como explantes para iniciar culturas assépticas e experiências de transformação genética. Uma porção excisada do corpo da planta que é utilizada para iniciar a cultura de células vegetais é designada por material de explante.

Esterilização de superfícies para o estabelecimento de culturas assépticas

O processo de remoção dos contaminantes microbianos na superfície do material do explante é conhecido como esterilização da superfície. Este processo é efectuado através do tratamento dos explantes com alguns agentes químicos denominados esterilizadores de superfície (por exemplo, álcool etílico, cloreto de mercúrio, peróxido de hidrogénio e hipoclorito de sódio). Diferentes explantes, nomeadamente secções de folhas, secções de pecíolos, pontas de rebentos e vagens verdes de *Trifolium pratense,* foram esterilizados à superfície antes de serem utilizados para estabelecer culturas axénicas *in vitro*. Todas as operações assépticas, *nomeadamente a* esterilização superficial, a inoculação, a transformação genética e a subcultura, foram efectuadas numa câmara de fluxo laminar. A luz ultravioleta é ligada durante 30 minutos antes de se iniciar o trabalho, para que o chão da câmara de fluxo laminar fique livre de micróbios. Os explantes foram lavados cuidadosamente em água corrente da torneira durante 15 minutos, depois foram lavados numa solução de detergente suave (teepol) seguida de quatro a cinco lavagens com água destilada. Depois de bem lavados, os explantes foram esterilizados à superfície com cloreto de mercúrio a 0,1% durante 2-5 minutos, seguidos de 8-10 lavagens com água destilada estéril, para remover vestígios de cloreto de mercúrio. Os explantes estéreis foram dissecados assepticamente e as sementes foram retiradas das vagens e transferidas assepticamente para o meio de cultura. Após a germinação das sementes, as plântulas de diferentes dias de idade foram testadas para a transformação genética.

Condições de cultura das plantas

Os explantes foram cultivados em tubos de cultura de 25 x 150 mm ou placas de Petri (90 mm) ou frascos Erlenmeyer (70 ml/250 ml). Todas as culturas foram incubadas em condições de sala de cultura a $25 \pm 2\ ^0$ C num regime de 16/8 horas (escuro/luz) com 40-50 mol m S^{-2-1} luz fornecida por uma lâmpada fluorescente fria.

Quadro 1: Composição química do meio Luria Bertani (LB)

Componentes químicos Quantidade (g/l)
Triptona 10
Extrato de levedura 5
NaCl 10
Ágar 15
pH 7,0

Tabela 2: Composição química do meio MS

Componentes mg/L	
Macronutrientes	
KNO3 1900	
$NH_4\,NO_3$	1650
$CaCl_2\,.2H_2\,O$ 440	
$MgSO_4\,.7H_2\,O$ 370	
KH2 PO4 170	
Micronutrientes	
$H_3\,BO_3$	6.2
$MnSO_4\,.4H_2\,O$ 22,3	
$ZnSO_4\,.7H_2\,O$ 0 8,6	
$Na_2\,MoO_4\,.2H_2\,O$ 0,25	
CUSO4.5H2O 0.025	
$CoCL_2\,.6H_2\,O$ 0,025	
KI 0,83	
$FeSO_4\,.7H_2\,O$ 27,85	
$Na_2\,.EDTA.2H_2\,O$ 37,35	
Suplementos orgânicos	
Tiamina - HCL 0,5	
Piridoxina 0,5	
Ácido nicotínico 0,5	
Glicina 2	
Mio-inositol 100	
pH 5,8	
Sacarose 30g/L	

PROCEDIMENTO ANALÍTICO PARA ISOFLAVONONAS

Extração e isolamento de isoflavonas:

As isoflavonas foram extraídas de amostras trituradas e moídas. A extração foi feita com metanol como solvente de extração. Depois de concluída a análise de crescimento, pesou-se aproximadamente 0,5 g de amostra húmida e dissolveu-se em 2,5 ml de álcool etílico, que foi submetido a ultra-sons durante 10 minutos e agitado durante 30 minutos. Em seguida, adiciona-se 0,5 ml de ácido clorídrico 5M e agita-se durante 10 minutos, adicionando-se 2,0 ml de álcool etílico e agitando-se durante 30 minutos. A solução é centrifugada e a solução sobrenadante é recolhida. A solução é injetada através de um filtro de 0,45 µ. De cada vez, o extrato foi armazenado no frigorífico para posterior análise por HPLC, a fim de determinar o respetivo teor de isoflavonas.

Preparação da fase móvel:

Misturam-se 200 ml de solução de acetato de amónio com 300 ml de metanol. Filtra-se através de um filtro de 0,45 µ e a solução é desgaseificada. (Sonicar durante 10 minutos).

Preparação do Acetato de Amónio: 0,375 g de Acetato de Amónio em 250 ml de água.

Deteção de isoflavonas por HPLC:

Para a presente investigação, o HPLC utilizado foi o sistema de cromatografia líquida de alta eficiência com bomba LC8A, SPD-M10Avp PDA (conjunto de detectores fotográficos) em combinação com o software calss LC 10A.

As condições cromatográficas foram:

Fase móvel: Acetato de amónio: Metanol
40 : 60

Coluna: C18 (Octadecilsilano - ODS), comprimento da coluna 15cmX4,6mm

Detetor: Detetor de matriz fotográfica SPD-M10Av

Comprimento de onda: 254nm.

Caudal: 1 ml/minuto

Volume de injeção: 20μ l.

A isoflavona padrão adquirida à Biosyn Research chemicals (P) Ltd, foi utilizada como amostra autêntica de referência. 10 mg da isoflavona padrão foram dissolvidos em 10 ml de álcool etílico. Tomou-se 1 ml da solução, que foi transferida para um balão volumétrico de 10 ml e completada com álcool etílico até perfazer 10 ml.

Procedimento de análise por HPLC:

A mistura da fase móvel foi desgaseificada por purga através de um sonicador, tendo o instrumento de HPLC sido ajustado de acordo com as condições cromatográficas acima mencionadas. Com uma seringa adequada, injectaram-se 10μ l de amostra autêntica e registou-se o cromatograma. O procedimento foi repetido para todos os pontos de amostragem extraídos para determinação do teor de isoflavonas.

MATERIAIS E MÉTODOS PARA A TRANSFORMAÇÃO GENÉTICA:

Condições de infeção do material vegetal

Foram utilizados vários protocolos para a infeção de material vegetal por *A. rhizogenes*. No entanto, o sucesso da transformação depende de vários parâmetros, como a espécie e a idade do tecido vegetal, sendo os mais jovens, em geral, mais sensíveis à infeção bacteriana (Sevon e Oksman-Caldentey, 2002). A estirpe bacteriana utilizada e a densidade da suspensão bacteriana são também factores influentes (Park e Facchini, 2000). Os explantes mais frequentemente utilizados para a infeção são tecidos jovens de plântulas estéreis, segmentos de hipocótilo, cotilédones, pecíolos e folhas jovens. O contacto entre as bactérias e as células vegetais pode ser induzido por injeção direta da suspensão bacteriana na plântula ou por imersão dos tecidos vegetais na suspensão bacteriana.

Manutenção de *Agrobacterium rhizogenes*

As estirpes Agrobacterium rhizogenes 532, 2364 foram cultivadas quer em meio semi-sólido nutritivo quer em meio líquido nutritivo num agitador orbital a 180 rpm a 29^0 C. As estirpes foram cultivadas em meio LB (**Quadro 1**).

Transformação genética com *Agrobacterium rhizogenes*

Foi utilizada uma suspensão bacteriana com 48 horas de idade (10^{10} células/ml) para a experiência de transformação genética. A suspensão bacteriana foi feita através da transferência de uma colónia de bactérias que crescia num meio nutriente semi-sólido para um caldo nutritivo.

Método de infeção

As plântulas cultivadas *in vitro* foram utilizadas para estudos de transformação genética. Foram efectuados estudos de transformação genética utilizando diferentes estirpes de *Agrobacterium rhizogenes, nomeadamente* 532 e 2364. Foram utilizados diferentes explantes, *nomeadamente* secções de folhas, secções de pecíolos, pontas de rebentos, secções de raízes, epicótilos e hipocótilos, folhas primárias de sementes geradas *in vitro* e plântulas de 8-10 dias para infeção com *A. rhizogenes.* Os explantes foram feridos por picada, corte e infectados com suspensão bacteriana durante diferentes períodos (5-20 minutos). Numa experiência paralela, os rebentos foram cortados na região nodal e mergulhados em suspensão bacteriana durante 5-10 minutos.

Método de Co-Cultivo

Os explantes foram transferidos assepticamente para o meio MS para co-cultura durante 24 - 72 horas. Os explantes de controlo foram mantidos nas mesmas condições sem infeção bacteriana.

Seleção de transformantes

Os explantes foram transferidos para meios MS (semi-sólidos) suplementados com diferentes concentrações de cefotaxima (0-400µg/ml) para eliminar o crescimento excessivo das bactérias e incubados à luz/no escuro em condições de sala de cultura.

Crescimento de raízes peludas em meios semi-sólidos

Após 15 a 20 dias de transformação, as raízes peludas obtidas no local da infeção foram cultivadas em meios semi-sólidos, com 16 horas de luz e 8 horas de escuridão.

Proliferação de raízes peludas

Após o desenvolvimento das culturas de raízes peludas, estas foram subcultivadas em meio MS fresco. MS fresco para crescimento posterior. Todas as linhas transformadas foram mantidas como clones separados. O crescimento das raízes pilosas foi comparado em meio semi-sólido MS e em meio líquido para a sua produção de biomassa. As raízes foram observadas quanto ao seu crescimento durante um período de 5 a 6 semanas, mantidas num agitador orbital a 180 rpm a 29^0 C.

Cinética de crescimento das raízes peludas

As raízes peludas obtidas a partir de explantes de *Trifolium pratense* utilizando diferentes estirpes de *A. rhizogenes* foram avaliadas quanto ao crescimento em meio MS basal semi-sólido suplementado com cefotaxima durante um período de 6 semanas.

Caracterização molecular de transformantes:

A integração do Ri T-DNA nas raízes pilosas foi detectada utilizando a reação em cadeia da polimerase (PCR). Do meio MS, as raízes sem bactérias foram removidas e secas em papel de filtro esterilizado. Em seguida, foram trituradas num almofariz e pilão com N líquido$_2$. . Das raízes putativas transformadas e normais, o ADN genómico foi extraído com o kit de extração Bioserve. A deteção do gene *rol* A utilizando um conjunto de pares de iniciadores específicos rol A foi efectuada por PCR. Utilizando os seguintes conjuntos de iniciadores, foi amplificado um fragmento de 308 pb do gene *rol* A.

Forward -5'-AGAATGGAATTAGCCGGGACTA-3' e

Reverso-5'-GTATTAATCCCGTAGGGTTTGTTT-3'.

50 ng de ADN preparado a partir de raízes normais e peludas, respetivamente, como modelo, 1X tampão de PCR, 25 pmoles de cada iniciador, 2,5mM de dNTPs e 1 unidade de Taq DNA polimerase estavam contidos em 25μ l mistura de PCR. A PCR para o gene rol A foi efectuada por amplificação com desnaturação inicial a 94^0 C durante 5 min, seguida de 35 ciclos de 1 min de desnaturação a 94^0 C, 1 min de recozimento a 55^0 C e 1 min de extensão a 72^0 C, com uma extensão final de 72^0 C durante 10 min, utilizando um termociclador.

MATERIAL E MÉTODOS PARA SUSPENSÕES CELULARES:

Iniciação do calo:

A partir de plântulas germinadas *in vitro* de *Trifolium pratense*, as secções de folhas, pecíolos e raízes foram cortadas assepticamente e utilizadas como explantes para iniciação de calos . Os explantes foram colocados em meio MS basal contendo diferentes concentrações e combinações de Auxina, 2, 4-D (ácido 2, 4 diclorofenoxiacético) e Citocinina, BAP (Benzil Amino Purina).0,5, 1,0, 1,5 e 2.0mg/l de 2, 4-D e 0, 0,1, 0,2, 0,3 e 0,4 mg/l de BAP foram utilizados para a iniciação de calos isoladamente ou em combinação. A resposta dos calos foi registada após 4 semanas.

Início das culturas em suspensão de células:

A combinação hormonal de 2,0 mg/l de 2,4-D (Auxin) juntamente com 0,4 mg/l de BAP (Cytokinin) produziu uma resposta muito boa de calo de várias combinações de concentração de Auxin e Cytokinin testadas para calo.Assim, o calo obtido neste meio foi utilizado para fazer culturas em suspensão de *Trifolium pratense*. Para a preparação da cultura em suspensão, um bom calo friável obtido num meio de 2,0 mg/l 2,4-D + 0,4 mg/l BAP após 3-4 passagens de subcultura foi retirado e colocado num meio líquido com as mesmas concentrações hormonais, numa proporção de 25% peso:volume.Aproximadamente 3,0 g de calo foram colocados em 30 ml de meio líquido sob condições estéreis em frascos de 100 ml e foram colocados num agitador da marca Amerex Instruments, Gyromax 737R (Lafayette, Califórnia). A temperatura do agitador foi ajustada para $25^0\,C\underline{+2}$, com intensidade de luz de 3000 fluxos e taxa de rotação de 120 rpm. As culturas em suspensão foram colocadas em quatro frascos e foram avaliadas em 8 momentos: 4, 8, 12, 16, 20, 24, 28 e 32 dias para peso fresco e produção de isoflavona.

Medição do crescimento de células em cultura de suspensão celular:

Os quatro frascos respectivos foram colhidos em cada momento (4th ,8th ,12th ,16th ,20th ,24th ,28th dia e 32nd dia) e a cultura em suspensão foi filtrada com papel de filtro Whatman n.º 1 e depois pesada para determinar o peso fresco. O peso fresco da cultura de suspensão de células foi medido após a remoção do excesso de humidade na superfície utilizando papel absorvente. As células foram analisadas quanto ao teor de isoflavonas através de análise por HPLC, após avaliação do crescimento das células.

RESULTADOS E DISCUSSÃO......

Estabelecimento de culturas assépticas

As culturas assépticas foram iniciadas utilizando as sementes de *Trifolium pratense*.

Um tratamento de 2-3 minutos com 0,1 % (p/v) de $HgCl_2$ foi adequado para gerar

culturas assépticas. A germinação das sementes foi observada em meio basal MS após

uma semana de inoculação (**Fig.7**).

Fig. 7-Culturas assépticas de *Trifolium pretense* **após 4 semanas do início da cultura.**

Estudos de transformação genética em *Trifolium pratense*

Transformações genéticas utilizando *Agrobacterium rhizogenes*:

Os estudos de transformação genética para a indução de raízes peludas foram

efectuados utilizando plântulas germinadas *in vitro* de *Trifolium pratense,* que eram

adequadas para experiências de transformação genética e para uma melhor resposta da

cultura. As raízes pilosas surgiram após 20-25 dias de transferência para um meio

antibiótico após co-cultura com bactérias.

Avaliação de diferentes explantes para transformação genética utilizando *Agrobacterium rhizogenes*:

As sementes foram germinadas assepticamente e foram utilizados diferentes explantes,

nomeadamente pecíolos, raízes, secções de folhas e pontas de rebentos de plântulas germinadas *in vitro* que cresciam em meio MS basal, para a infeção com diferentes estirpes de *Agrobacterium rhizogenes.* Estes explantes foram ainda avaliados para transformação genética após co-cultura com bactérias **(Quadro 3).** Observou-se um crescimento bacteriano em todos os explantes após 48 horas de co-cultura. O crescimento bacteriano foi mais pronunciado nos explantes maduros, tendo ocorrido necrose e acastanhamento destes explantes, com posterior transferência para meios contendo antibióticos após alguns dias de co-cultura. Entre os diferentes explantes testados, as secções de folhas e as pontas de rebentos de plântulas *em* crescimento *in vitro* mostraram uma menor resposta à infeção e nenhuma necrose ou acastanhamento após 48 horas de co-cultura. Estes explantes eram saudáveis e cresceram ativamente após transferência subsequente para meio MS contendo antibiótico. **(Fig. 8, 9).**

Tabela 3: Avaliação de diferentes explantes para transformação genética usando *A.rhizogenes.*

S.N.	Explosivos	Resposta da co-cultura após 48h.		Resposta cultural
		N.º de explante	grau de infeção *	
1	Secção da fo	50	+++	RH
2	Pecíolo	50	+++	SER
3	Raiz	50	+++	SER
4	Sugestão d disparo	50	+++	RH

BE - Enegrecimento do explante

CF - Formação de calos

Elevado +++

Moderado ++

HR-Raízes leiteiras

As observações foram registadas após 25 dias.

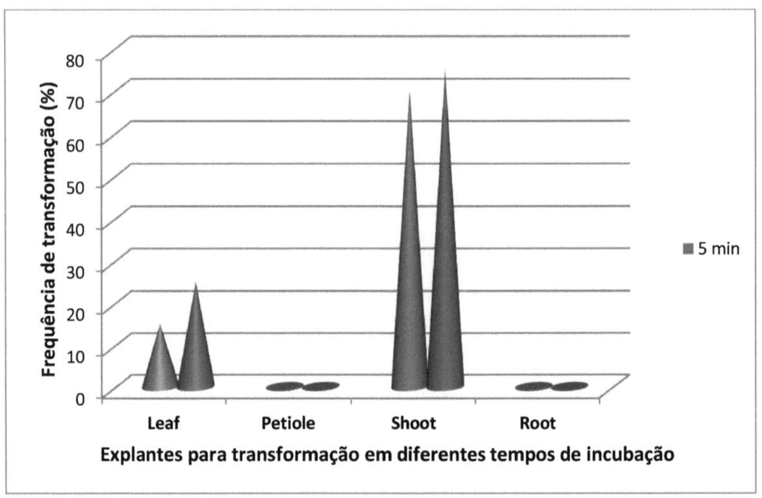

Figura 8. Seleção de explantes para transformação de *Trifolium pratense* mediada por *A.rhizogenes* .

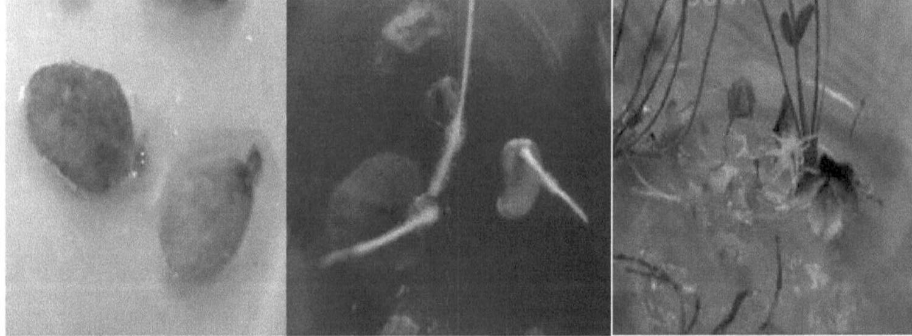

Fig. 9: Secção de folha com ponta de rebento mostrando a resposta das raízes

peludas.

Crescimento de raízes peludas:

Os explantes de ponta de rebento responderam bem, quando comparados com outros,

à indução de raízes peludas após 25-30 dias de co-cultura. Aproximadamente 75% dos explantes responderam à formação de raízes peludas. As folhas também responderam positivamente, mas a sua frequência é menor quando comparada com a das pontas dos rebentos, ou seja, 20%. **(Quadro 4)**. O crescimento mais rápido de raízes peludas foi observado em meio basal semi-sólido MS. Todos os outros explantes, como pecíolos e raízes, não apresentaram qualquer resposta em termos de produção de raízes peludas e os explantes tornaram-se castanhos após alguns dias de co-cultura. **(Quadro 3)** A separação das raízes peludas dos explantes-mãe, a transferência para meio MS basal semi-sólido e a incubação posterior sob luz contínua foram necessárias para o seu crescimento ótimo. A fim de eliminar o crescimento bacteriano residual, foi obrigatório o tratamento das raízes pilosas com um antibiótico. O tratamento das raízes peludas com um antibiótico, ou seja, cefotaxima (300µg/ml), foi efectuado para eliminar o crescimento bacteriano. O tratamento com antibiótico foi repetido durante 5-6 passagens de subcultura. O meio basal MS apresentou a melhor resposta em termos de frequência de indução de raízes peludas. Durante a avaliação dos meios basais, verificou-se que, para a resposta inicial de transformação genética, os meios MS se revelaram melhores e, por conseguinte, todas as raízes peludas foram mantidas em meios MS com uma passagem de subcultura de 4 semanas.

 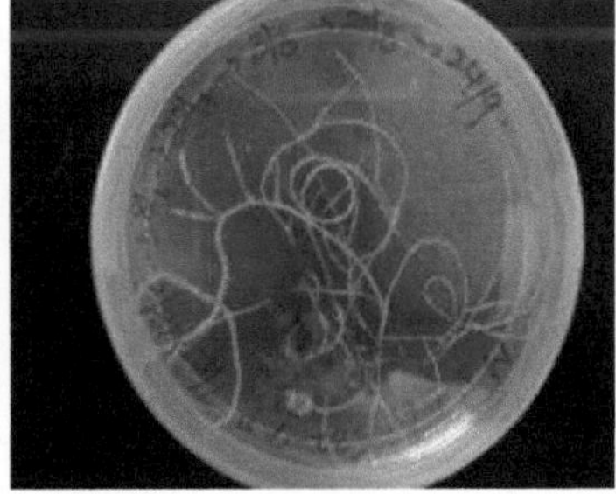

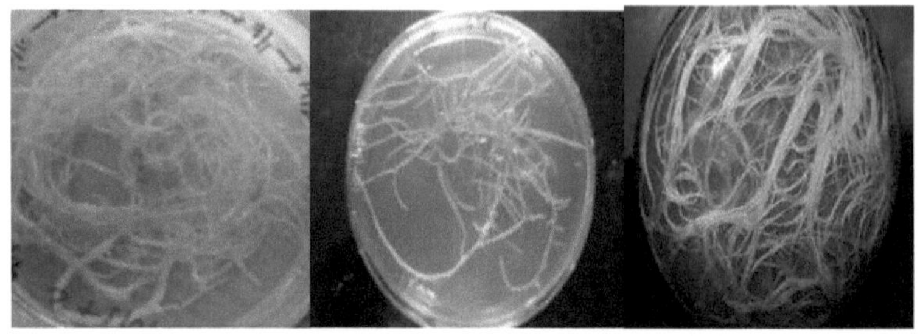

Figura - 10: Culturas de raízes peludas de *Trifolium pratense*

Avaliação de explantes para transformação genética utilizando diferentes estirpes de *Agrobacterium rhizogenes* em *Trifolium pratense:*

As plântulas cultivadas *in vitro* em meio basal MS foram utilizadas para infeção com diferentes estirpes de *Agrobacterium rhizogenes viz.*532, 2364. Estes explantes foram posteriormente avaliados para transformações genéticas após co-cultura com bactérias. Para raízes peludas obtidas da estirpe 532 de *Agrobacterium rhizogenes*, observou-se um máximo de 2,41 gm após 25 dias de inoculação em meio basal, o que representa aproximadamente um aumento de 5 vezes **(Fig.11)**.Foi observado um aumento máximo de 4 vezes na estirpe 2364 de *Agrobacterium rhizogenes*, que é ligeiramente inferior à estirpe 532 de *Agrobacterium rhizogenes* (Fig. **12), o** que mostra que a estirpe 532 apresenta um melhor crescimento em comparação com a 2364. **(Fig.13)**

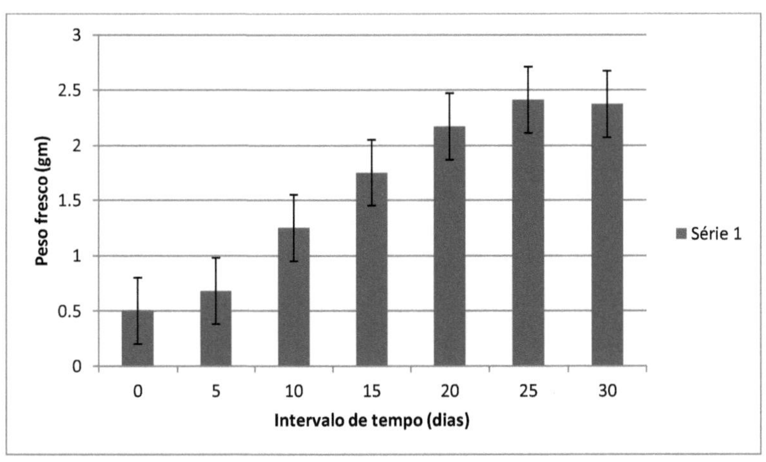

Fig.11: Estudo da cinética de crescimento de raízes transformadas de *Trifolium pratense com Agrobacterium rhizogenes estirpe 532.*

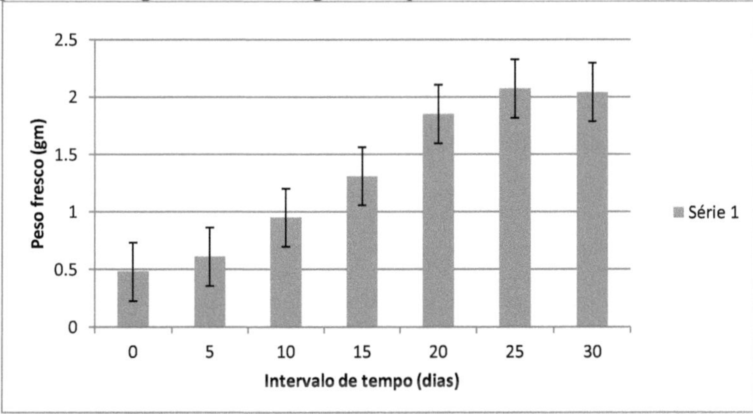

Fig. 12: Estudo da cinética de crescimento de raízes transformadas de *Trifolium pratense com Agrobacterium rhizogenes estirpe 2364.*

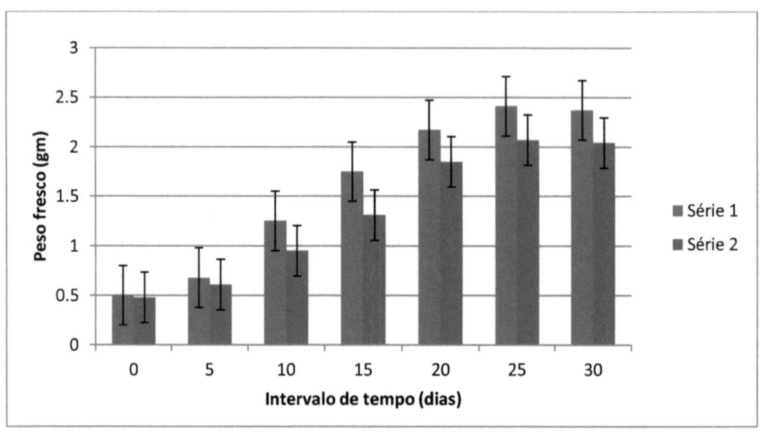

Fig.13: Estudo comparativo de raízes peludas de *Trifolium pratense* em meio MS suplementado com Cefotaxima obtida de diferentes estirpes de *Agrobacterium rhizogenes viz.* 532 & 2364.

Estudo da técnica de infeção e da duração do tratamento bacteriano na transformação genética (crescimento bacteriano):

Foram estudados diferentes métodos (técnicas) de infeção, tais como ferir e picar explantes com agulha, seguidos de imersão em suspensão bacteriana durante diferentes períodos de tempo, para avaliar o grau de infeção bacteriana após 48 horas. Os explantes feridos que foram mantidos em suspensões bacterianas durante diferentes períodos de tempo, de 5 a 15 minutos, apresentaram respostas variáveis **(Quadro 4)**. Todos os explantes que foram mergulhados em suspensão bacteriana durante 15 minutos apresentaram uma infeção bacteriana moderada. Os explantes mergulhados em suspensão bacteriana durante mais tempo do que 15 minutos apresentaram uma infeção elevada e a infeção bacteriana persistiu nas passagens subsequentes.

Tabela: 4 Resposta de diferentes explantes e técnicas de transformação nas transformações genéticas utilizando *A.rhizogenes.*

Explante	Infeção técnica	Incubação tempo(min)	Dias para a indução	Percentagem de cultura resposta ± (média)
Secção de folha	Feridas/picadas	5 10	25-30	15 20
Pecíolo	- fazer -	5 10	25-30	--- ---
Raiz	- fazer -	5 10	25-30	--- ---
Sugestão disparo	- fazer -	5 10	25-30	70 75

As observações foram efectuadas após 4 semanas de cultura

Efeito da duração da co-cultura no crescimento e transformação de explantes:

A influência da duração da co-cultura no grau de infeção bacteriana foi estudada. Os tecidos após a infeção com estirpes de *A.rhizogenes* foram deixados a crescer em meio basal MS juntamente com bactérias durante períodos variáveis de 12 h a 72h. A duração da co-cultura de 12 e 24 horas não revelou qualquer infeção bacteriana à volta dos explantes. Os explantes co-cultivados durante 48 horas a $25 \pm 2^\circ$ C apresentaram uma resposta moderada e revelaram-se óptimos para a indução de transformações sem crescimento excessivo de bactérias. No entanto, observou-se um crescimento excessivo de bactérias nos explantes co-cultivados durante 72 horas ou mais, o que também resultou na necrose dos explantes. **(Tabela 5)**

Tabela: 5 Influência dos métodos de infeção e da duração do tratamento na genética Transformações.

Método de infeção	Duração da infeção bacteriana	N.º de Explantes infectados	Grau de infeção após 48h

	tratamento (Min.)		
Ferimento e Picar	5	50	++
-fazer-	10	50	+++
-fazer-	15	50	+++

++ Infeção moderada

+++ Infeção elevada

***As observações** foram registadas após 48 horas.

Influência de diferentes concentrações de cefotaxima (antibiótico) no controlo do crescimento bacteriano após a co-cultura:

Diferentes concentrações de antibiótico (cefotaxima), a saber, 100 µg/ml, 200 µg/ml, 300 µg/ml e 400 µg/ml, foram avaliadas quanto à eliminação de bactérias após a co-cultura. Entre as diferentes concentrações de cefotaxima testadas, 300 e 400 µg/ml inibiram o crescimento de bactérias em 100% dos explantes avaliados **(Tabela 6).**

Tabela: 6 Influência de diferentes concentrações de Cefotaxina (antibiótico) na eliminação do crescimento bacteriano.

Concentração cefotaxima em µg/ml	Não Infetado/ Co-cultivado explantes* transferidos para meios contendo Cefotaxima	% de explantes sem infeção
0	20	0
100	20	0
200	20	42.5±2.1
300	20	97.2±1.1
400	20	100%
500	20	100%

*Foram utilizados para o estudo explantes co-cultivados com 48 horas de idade.

Otimização das condições de crescimento para a indução e crescimento de raízes peludas:

Efeito da temperatura: Como representado na **Fig.14, a** frequência máxima de transformação em *Trifolium pratense* foi obtida a uma temperatura de co-cultura de 22^0 C.

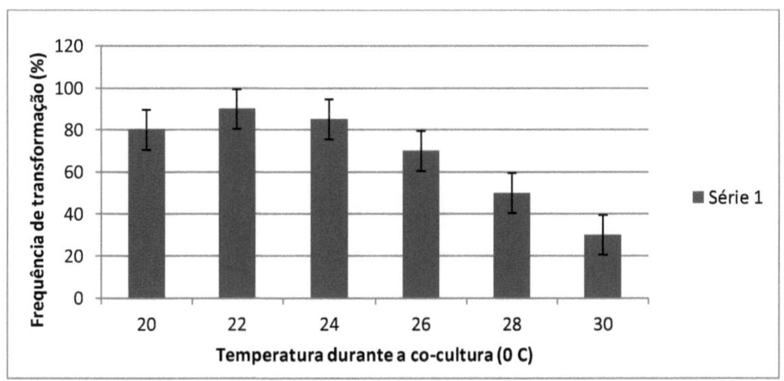

Fig.14: Efeito da temperatura durante as condições de co-cultura na frequência de transformação de *Trifolium pratense*.

Efeito do P^{H} : Obtém-se uma melhor frequência de transformação quando o pH do meio de co-cultura é de cerca de 5,4. **(Fig.15)**

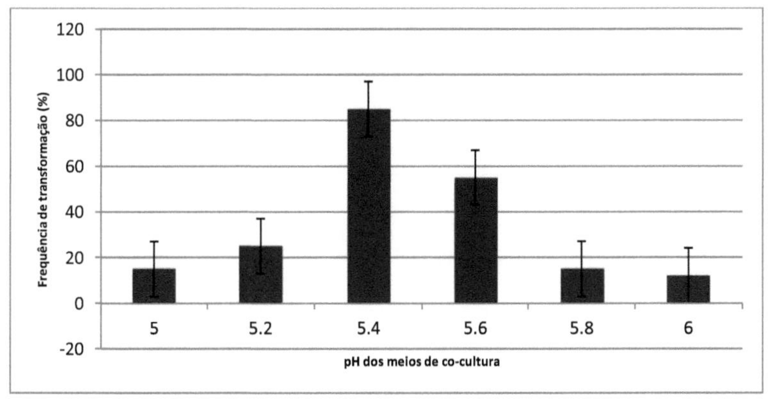

Fig.15: Efeito do pH durante as condições de co-cultura na frequência de transformação de *Trifolium pratense.*

Caracterização molecular dos transformantes:

Utilizando iniciadores específicos para *a rol A* no ADN de raízes pilosas isentas de bactérias, foi confirmada a natureza transgénica das raízes pilosas. O tamanho esperado dos fragmentos de *rol A de* 308 pb foi obtido apenas em raízes pilosas e ausente em raízes normais, o que confirmou a natureza transgénica das raízes. **(Fig. 16).**

Fig.16: Amplificação por PCR do gene *rol A* em *Trifolium pratense.*

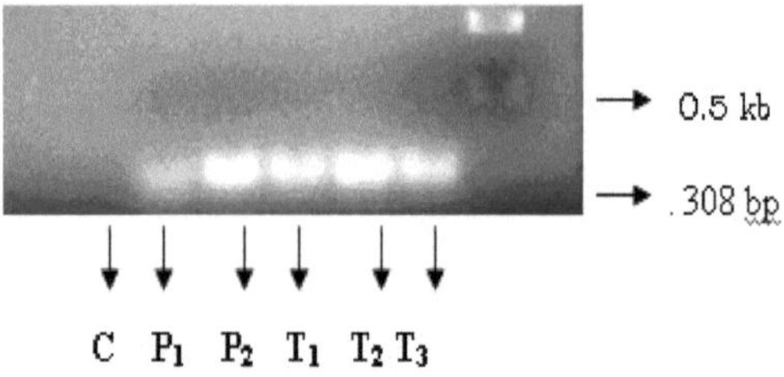

C- Raízes não transformadas de *Trifolium pratense* .(Controlo)

P1- ADN-modelo do plasmídeo de *Agrobacterium rhizogenes* (532).

P2- ADN modelo do plasmídeo de *Agrobacterium rhizogenes* (2364).

T1-DNA modelo de raiz pilosa de *Trifolium pratense* (532).

T2 - Modelo de ADN da raiz pilosa de *Trifolium pratense* (2364).

T3- ADN modelo da raiz pilosa de *Trifolium pratense.*

Análise fitoquímica:

As raízes de controlo e transformadas foram analisadas quanto à presença de isoflavonas, nomeadamente daidzeína, genesteína, formononetina e biochanina A, através de análise por HPLC. Como se pode ver na **Fig. 17**, a produção de daidzeína, genesteína e formononetina mostrou quase a mesma quantidade nas raízes de controlo

e transformadas.

Fig. 17: Estudo comparativo do teor de metabolitos secundários em
raízes de *Trifolium pratense* de controlo e transformadas.

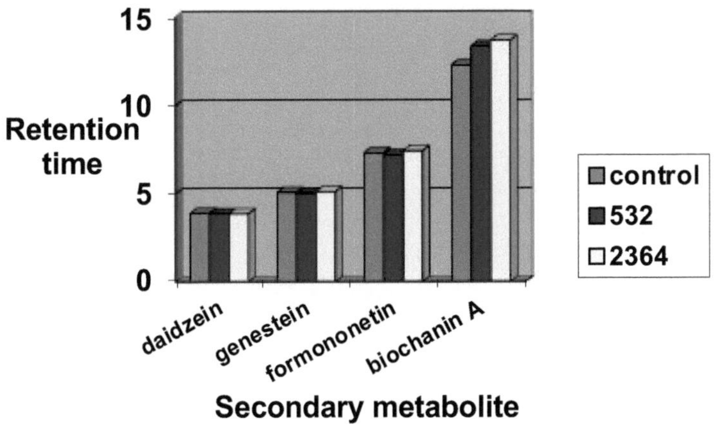

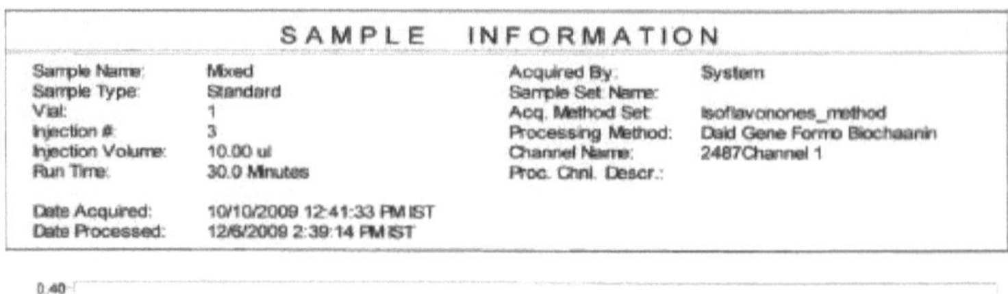

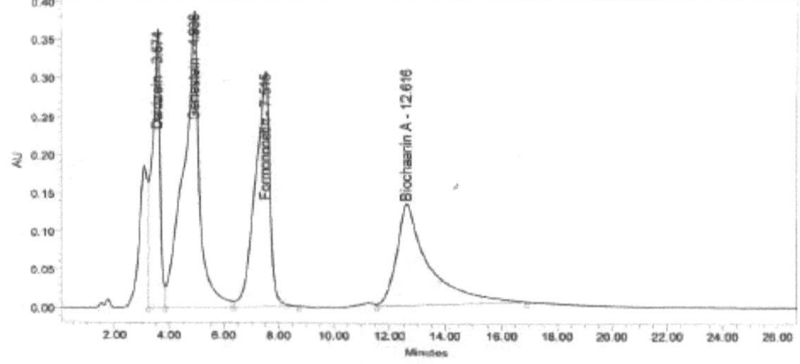

	Peak Name	RT	Area	% Area	Height
1	Daidzein	3.574	7284040	16.25	364965
2	Genestein	4.938	15513558	34.62	386169
3	Formononetin	7.615	11352584	25.33	307061
4	Biochaanin A	12.616	10667055	23.80	133253

Figura 18: Cromatograma de culturas de raízes pilosas de *Trifolium pratense* com isoflavonas

Suspensões celulares:

Como se pode ver no quadro, as secções do pecíolo e da raiz mostraram uma melhor resposta do que as secções das folhas para a iniciação de calos.

Tabela 7: Avaliação de diferentes explantes para a formação de calos.

S.N.	Explosivo	N.º de explante	Inicial Tempo de resposta (dias)	Grau de resposta	Inicial Número Responde
1	Secção da folha	20	8	++	4
2	Pecíolo	20	4	+++	12
3	Raiz	20	6	+++	8

Elevado +++

Moderado ++

**Quadro 8: Iniciação de calos em *Trifolium pratense* utilizando diferentes
Concentrações e combinações de 2,4-D e BAP .**

Nº do conjunto	2,4-D(mg/l)	BAP(mg/l)	Resposta do calo
I	0.5	0.1	-
	0.5	0.2	-
	0.5	0.3	-
	0.5	0.4	-
II	0.5	0	-
	1.0	0	+
	1.5	0	+
	2.0	0	++
III	1.0	0.1	++
	1.0	0.2	++
IV	1.5	0.1	++
	1.5	0.2	++
	1.5	0.3	++
	1.5	0.4	++

V	2.0	0.1	++
	2.0	0.2	++
	2.0	0.3	+++
	2.0	0.4	++++

- = Sem resposta
+ = Calo pouco compacto
++ = Calo friável moderado
+++ = Bom calo friável
++++ = Excelente calo friável

A partir dos resultados de iniciação de calos, verifica-se que a iniciação de calos foi observada para a maioria das combinações de concentrações de 2, 4-D e BAP, embora a qualidade e a quantidade de calos formados tenha variado. Os resultados podem ser analisados da seguinte forma:

- Uma concentração muito baixa de 2, 4-D (0,5mg/l), sozinha ou com qualquer uma das concentrações de BAP, não mostrou qualquer resposta de calosidade. (Conjunto I na **Tabela 8**).

- Ao aumentar a concentração de 2, 4-D (1.0, 1.5, 2.0mg/l), e sem BAP no meio, observou-se a formação de calos. O tipo de calo obtido variava de calo compacto pobre a calo friável moderado. (Conjunto II na **Tabela 8**).

- Quando a concentração de 2,4-D foi mantida em 1,0, 1,5 mg/l, e junto com ela foram usadas todas as concentrações de BAP, os resultados mostraram que ainda não houve melhoria na qualidade do calo iniciado. (Conjunto III, IV na **Tabela 8**).

- Observando uma melhor resposta de calosidade com um aumento da concentração de 2,4-D, foi experimentada uma concentração de 2,0 mg/l com todas as concentrações de BAP. Todas as combinações mostraram bons resultados de calosidade, mas a melhor resposta de calosidade foi observada na concentração combinada de 2,0 mg/l de 2,4-D + 0,4 mg/l de BAP. O calo obtido foi considerado um excelente calo friável, muito apropriado para estabelecer uma cultura de células em suspensão de calo para estudos posteriores. (Conjunto V no **quadro 8**).

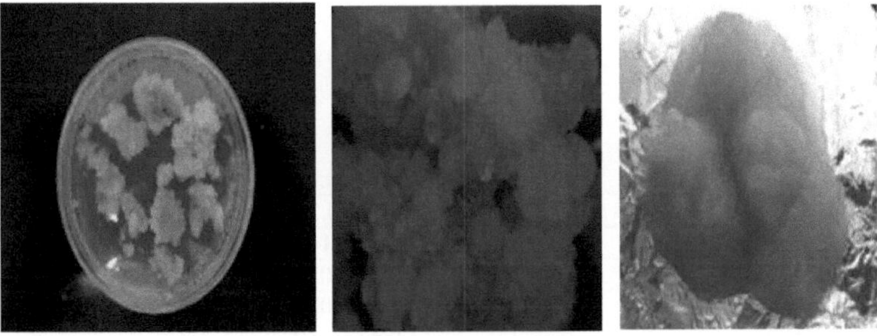

Fig. 19: Culturas de calos friáveis de *Trifolium pratense*

Os calos friáveis obtidos (**Fig.19**) em 2,0 mg/l 2, 4-D + 0,4 mg/l BAP contendo meio MS, foram submetidos a três a quatro passagens de subcultura no mesmo meio. A subcultura, sob a forma de substituição do meio por meio fresco, foi efectuada de 14 em 14 dias.

O crescimento foi elucidado através da medição do peso fresco das células, e a quantidade de metabolitos secundários produzidos foi calculada a partir da análise HPLC. O crescimento da cultura e a produção de isoflavona foram monitorizados com conjuntos de quatro frascos colhidos a intervalos de 4 dias, desde o dia da subcultura (dia 0) até 32 dias, tendo sido efectuadas leituras de quatro frascos para cada parâmetro2,0 mg/l 2, 4-D + 0,4 mg/l BAP, ou seja, para o crescimento da biomassa e para a acumulação de isoflavona.

A Tabela 9 mostra a taxa de crescimento do perfil da cultura de suspensão de calos de Trifolium *pratense* durante um período de 32 dias. O crescimento das células da suspensão de calos de *Trifolium pratense* foi quantificado em função do peso fresco.

Tabela-9: Perfil temporal (dias) da taxa de crescimento da cultura de células em suspensão de calos de *Trifolium pratense,* peso seco fresco.

S.NO	Pontos de tempo da cultura em suspensão. (dias)	Peso inicial das células do calo (gms)	Peso final das células do calo (gms)	% de aumento do peso fresco
1	4	3.0	3.46+0.025	15.3
2	8	3.0	3.58+0.23	19.3
3	12	3.0	3.6+0.14	20.0
4	16	3.0	3.7+0.08	23.3
5	20	3.0	5.2+0.07	73.3
6	24	3.0	9.41+0.18	213.6
7	28	3.0	6.22+0.03	107.3
8	32	3.0	5.71+0.06	90.3

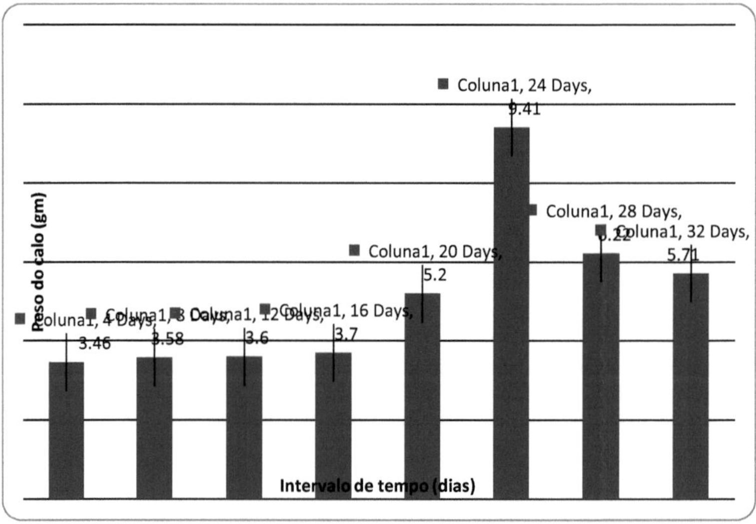

Fig. 20: Padrão de crescimento de suspensões de calos em *Trifolium pratense*

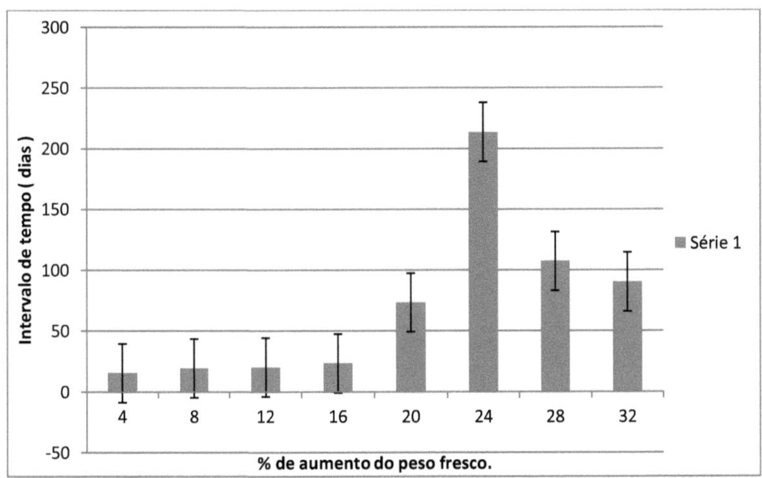

Fig. 21: Aumento da taxa de crescimento da biomassa da suspensão de calos de *Trifolium pratense* (%).

A partir das **figuras 20 e 21** e do quadro **9**, verifica-se que:

- O padrão de crescimento da cultura de células em suspensão de calo de *Trifolium pratense* apresentou três fases distintas de crescimento.

    1. Fase de registo - de 4th a 16th dia. Este é o período de máxima divisão celular e de maior taxa de crescimento.

    2. Fase linear - de 16th a 24th dia. Este é o período em que as células da suspensão do calo crescem, mas a divisão celular diminui.

    3. Fase de desaceleração progressiva - a partir de 24th dia. Durante esta fase, observa-se uma diminuição do peso devido à morte celular.

- A biomassa fresca aumentou gradualmente e atingiu um pico de 9,41 g no final de 24 dias.

- Aproximadamente um aumento de 3,1 vezes foi evidente após 24 dias, quando comparado com o peso fresco do inóculo inicial.

- Observa-se que o aumento percentual do peso fresco aumenta nitidamente em 20th e 24th dias de culturas de suspensão de calos, mostrando 73,3% e 213,6%, respetivamente.

- Para o presente perfil de crescimento estudado, a biomassa de 24th dias de células de suspensão de calo foi vista como a cultura com o máximo (213,6%) de aumento de peso fresco.

- Também se observa que o aumento inicial da concentração de biomassa desde o dia 0, ou seja, o dia da inoculação, até ao dia 4th é consideravelmente elevado. A razão para esta acumulação precoce de biomassa pode dever-se à melhor adaptabilidade das células do calo de *Trifolium pratense* para crescer num meio líquido em comparação com um meio sólido.

Após a avaliação do crescimento, as suspensões de células colhidas (**Fig. 22**) foram utilizadas para a análise do conteúdo de isoflavonas. Os extractos metanólicos de cada uma das amostras de células de calo foram analisados quanto às suas quantidades de isoflavonas, utilizando o extrato de 0,5 g de células de calo e quantificando a quantidade de isoflavonas através de HPLC.

Fig.22.Culturas de suspensão celular de *Trifolium pratense*

O resultado da **Fig. 23, 24** sugere que:

- A daidzeína e a genesteína foram produzidas com o crescimento de células em suspensão de calo.

- Verificou-se que a acumulação de Daidzeína e Genesteína aumentou de forma constante juntamente com o aumento da biomassa. A Daidzeína parece aumentar acentuadamente na cultura de 16th dias e a Genesteína parece aumentar acentuadamente na cultura de 24th dias.

- Observa-se um aumento de 16 vezes na quantidade de Daidzein no extrato de 16th dias em comparação com o extrato inicial de 4th dias e um aumento de 8 vezes na quantidade de Genestein no extrato de 24th dias em comparação com o extrato inicial de 4th dias

- Verificou-se que a produção de daidzeína diminuiu abruptamente a partir de extractos de cultura de 16th dias e que a produção de genesteína diminuiu abruptamente a partir de extractos de cultura de 24th dias.

- A área do pico da daidzeína observada no cromatograma da amostra de 16th dias e a área do pico da genesteína observada no cromatograma da amostra de 24th dias são satisfatórias em comparação com as das amostras autênticas.

- Embora haja um aumento considerável da biomassa de 0 a 4th dias, a quantidade de acumulação de isoflavona não é comparativamente elevada, indicando que a isoflavona não está a ser produzida na fase inicial de crescimento. A quantidade de isoflavona detectada na amostra de 4th dias pode ser o conteúdo de isoflavona transportado do explante, combinado com uma ligeira produção de isoflavona.

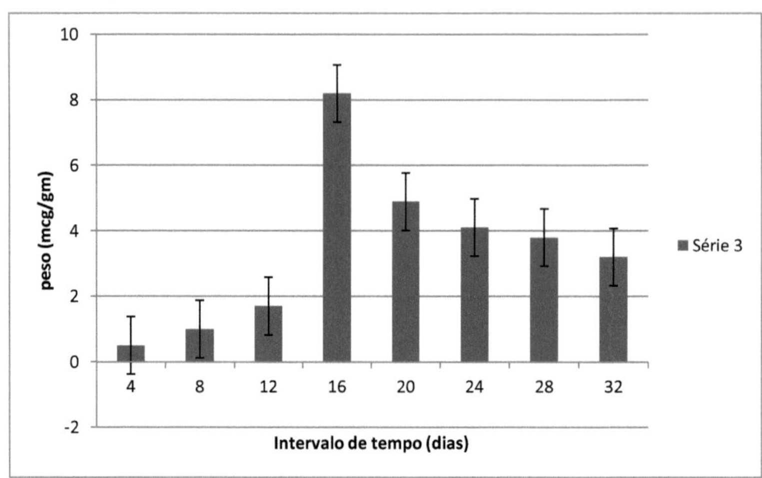

Fig. 23: Teor de daidzeína em suspensões celulares de raízes transformadas de *Trifolium pratense.*

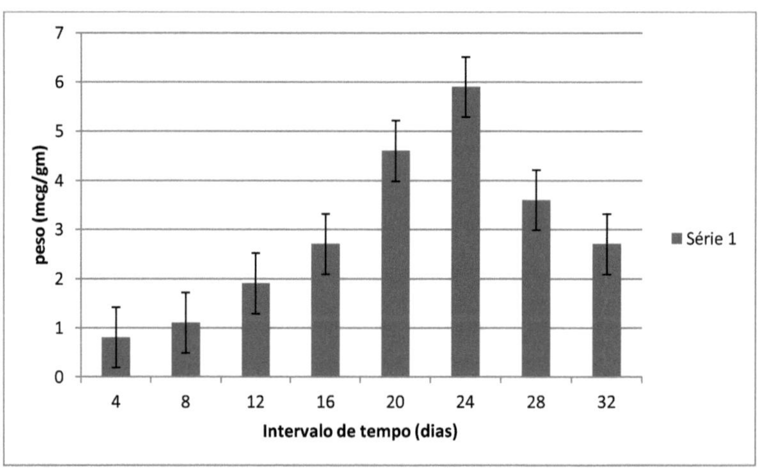

Fig. 24: Estudo do teor de Genestein em suspensões celulares de raízes

transformadas de *Trifolium pratense* .

DISCUSSÃO:

Chan et al. (2003) ilustraram que a isoflavona do trevo vermelho podia proteger contra os danos no ADN induzidos por hidrocarbonetos aromáticos policíclicos. A biochanina A foi selecionada para testar o sistema celular MCF-7 estabelecido. Os estudos cinéticos enzimáticos também indicaram que a biochanina A inibia as enzimas CYP1A1 e 1B1.Estudos anteriores demonstraram as propriedades anti-mutagénicas da biochanina A. Utilizando a estirpe bacteriana *Salmonella typhimurium*, Francis et al. verificaram que as propriedades mutagénicas da aflatoxina B1 e da *N-metil-N^l - nitrosoguanidina* são inibidas pela biochanina A.O presente estudo demonstrou que a isoflavona biochanina A isolada do trevo vermelho podia reduzir a genotoxicidade causada pelos HAP, e o mecanismo estava relacionado com a supressão das actividades do CYP1A1 e 1B1. Em comparação com o presente estudo, no nosso estudo, os compostos activos de isoflavona presentes no *Trifolium pratense*, tais como a biochanina A, a daidzeína, a formononetina, a genisteína, etc., foram identificados por análise fitoquímica de culturas transformadas e suspensões celulares.

No estudo de Colgecen et al. (2008), as sementes não escarificadas e escarificadas foram germinadas em meio MS sem hormonas, em papel de filtro e no solo. A taxa de germinação foi mais elevada nas sementes não escarificadas germinadas em meio MS sem hormonas quando comparadas com as sementes em papel de filtro e no solo. Embora algumas das sementes não germinadas em meio MS sem hormonas e em papéis de filtro tenham absorvido solução, a falha na germinação pode ter resultado de várias anomalias no desenvolvimento da semente (Algan e Bakar, 1996, 1997). As sementes que não foram imbibidas eram provavelmente sementes duras. Considerando as sementes escarificadas, observou-se que a taxa de germinação era mais elevada no meio MS em relação ao papel de filtro e ao solo. As suas conclusões revelam que a percentagem de germinação das sementes de *T. pratense* tetraploide natural é mais elevada em condições *in vitro*. No nosso trabalho, as sementes germinaram rapidamente em meio MS suplementado com a hormona BAP e depois foram mantidas em meio MS sem hormonas.

e estudos de suspensão celular.

Phillips e Collins (2004) desenvolveram um meio sintético, quimicamente definido, para a iniciação e crescimento de culturas de células e tecidos de trevo vermelho *(Trifolium pratense* L.). O meio é amplamente favorável e adequado para a cultura de outras espécies de leguminosas, incluindo alfafa (*Medicago sativa* L.), soja (*Glycine max* L.) e feijão-macaco (*Canavalia ensiformis* L). Foram definidas variáveis culturais para o trevo vermelho e é agora possível estabelecer rotineiramente culturas de calos de trevo vermelho a partir de tecidos reprodutivos e vegetativos explantes de plantas maduras e imaturas. Culturas em suspensão celular com taxas de divisão celular rápidas foram estabelecidas a partir de calos, adaptando o novo meio à cultura líquida. Desenvolveram um sistema para o crescimento de suspensão de células, mas o conteúdo de metabolitos secundários não era conhecido. No nosso estudo, o teor de metabolitos secundários foi determinado em suspensões celulares em intervalos de tempo regulares.

Parrot e Collins (1982) iniciaram com êxito a formação de calos a partir de explantes de plântulas de diferentes espécies de Trifolium, tais como T. alpestre, T. campestre, T. incarnatum, T. medium, T. pratense, T. repens, T. rubens e T. subterraneum. As culturas em suspensão de todas as espécies foram iniciadas a partir de calos e as colónias foram recuperadas com sucesso a partir de réplicas de todas as espécies examinadas. Foi obtida uma regeneração bem sucedida de plantas a partir de calos e de culturas derivadas de suspensão por embriogénese somática. Os rebentos de todas as espécies foram propagados clonalmente utilizando métodos de cultura de pontas de meristema. Estes resultados indicam que a recuperação de calos a partir de culturas em suspensão, a regeneração de plantas, a cultura de pontas de rebentos in vitro de várias espécies de Trifolium é possível com os sistemas disponíveis. No nosso estudo, foram iniciados calos e suspensões a partir de uma única espécie de Trifolium, *Trifolium pratense*, e foi determinado o teor de metabolitos secundários.

Burdette et al. (2001) demonstraram que o trevo vermelho tem efeitos estrogénicos *in vivo* no útero e nas células vaginais de ratos, mas não na glândula mamária . O trevo vermelho não produziu qualquer atividade estrogénica ou antiestrogénica aditiva quando administrado em conjunto com 17ß-estradiol. Neste estudo, o extrato de trevo vermelho afectou o útero mas não a mama. Os estímulos estrogénicos são altamente complexos e uma variedade de regiões promotoras a montante dos genes responsivos aos estrogénios confere especificidade à ativação tecidular. No entanto, o extrato de trevo vermelho afectou o útero e não a mama. O estudo de misturas de isoflavonas como as encontradas no trevo vermelho pode ajudar a descobrir potenciais mecanismos através dos quais os estrogénios exógenos conferem seletividade tecidular. Estes dados sugerem que o extrato de trevo vermelho é fracamente estrogénico no modelo de rato ovariectomizado. Uma vez que a propriedade estrogénica do *Trifolium pratense* é utilizada para o tratamento de muitas doenças, esta planta foi selecionada para o nosso presente estudo.

Carrillo et al. (2004) optimizaram um protocolo para a organogénese direta de germoplasma de trevo vermelho, tendo verificado que todos os meristemas formaram calos. Os meristemas do caule foram fáceis de obter e apresentaram níveis mais baixos de contaminação e melhor desenvolvimento do que os meristemas da coroa.O meio L2 apresentou melhores resultados do que os meios B5 e MS para as cultivares e linhas experimentais estudadas. No nosso estudo, os calos foram iniciados a partir de diferentes explantes, tais como folha, ponta de rebento, raiz, pecíolo e o conteúdo de metabolitos secundários foi analisado em suspensões celulares em intervalos de tempo periódicos.

Radionenko et al. (1994) estudaram a embriogénese somática direta e a regeneração de plantas a partir de protoplastos de trevo vermelho (*Trifolium pratense* L.).A presença de hidrolisado de caseína (0,1%w/v), bem como o genótipo da linha celular pré-selecionada com elevada capacidade de regeneração *in vitro* são considerados factores importantes para a indução da embriogénese somática.

Laurence et al. (2006) sugeriram que a suplementação com isoflavonas na dieta pode resultar numa redução pequena a modesta do número de rubores da menopausa sofridos pelas mulheres. Uma revisão sistemática e meta-análise da terapia com isoflavonas foi estudada para os rubores da menopausa nas mulheres. Uma vez que as isoflavonas de *Trifolium pratense* são utilizadas para o tratamento de muitas doenças, esta planta foi selecionada para o nosso presente estudo.

Michael et al. (2006) modificaram geneticamente as plantas através da inserção de transgenes. Esta tecnologia também pode ser utilizada para produzir variedades de culturas melhoradas para utilização no campo, tendo sido desenvolvido um trevo vermelho com um elevado potencial de regeneração em cultura de tecidos. Aqui, um procedimento detalhado para a transformação *mediada por Agrobacterium* de genótipos derivados desta população regenerável foi utilizado para expressar um gene repórter de β-glucuronidase (GUS) e para silenciar um gene endógeno de polifenol oxidase no trevo vermelho.

REFERÊNCIAS.......

Algan e Bakar (1996). Exame microscópico de luz e eletrónico do desenvolvimento do embrião e do endosperma no tetraploide natural *Trifolium pratense* L. Israel J. Plant Sci. 44: 273-288.

Algan e Bakar (1997). A ultra-estrutura do saco embrionário maduro no tetraploide natural do trevo vermelho (*Trifolium pratense* L.) que tem uma taxa muito baixa de formação de sementes. Ata Soc. Bot. Pol. 66(1): 13-20.

<u>Angelina Subotić et al.</u> (2009) ,Spontaneous Plant Regeneration and Production of Secondary Metabolites from Hairy Root Cultures of *Centaurium erythraea* Rafn , Institute for Biological Research "Siniša Stankovič,", University of Belgrade, Bulevar despota Stefana 142, 11060 Belgrade, Serbia, Methods in Molecular Biology , Volume: 547 , Pub. Date: Apr-01-2009, Page Range: 205-215, DOI: 10.1007/978-1-60327-287-2_17.

Arroo et al.(1995), Effect of exogenous auxin on root morphology and secondary metabolism in Tagetes patula hairy root cultures. Physiol Plant 93, 233-240.

Ayora -Talavera et al.(2002), Overexpression in Catharanthus roseus hairy roots of a truncated hasmter 3-hydroxy-3-methylglutaryl-CoA reductase gene. Appl Biochem Biotechnol 97, 135-145.

Azlan et al.(2002), Establishment of Phyaslis minima hairy roots culture for the production of physalins, Plant Cell Tiss Org Cult 69, 271-278.

Bais e Ravishankar(2003), Synergistic effect of auxins and polyamines in hairy roots of *Cichorium intybus* L. during growth, coumarin production and morphogenesis. Ata Physiologiae Plantarum, 25(2): 193-208.

Banerjee et al. (2002), Expression of functional mamalian P450 2E1 hairy root cultures. Biotechnol Bioeng 77,462-466.

Bavage et al. (1997), Expression of an *Antirrhinum* dihydroflavonol reductase gene reuslts in changes in condensed of *Lotus corniculatus* . Plant Mol Biol 35, 443-458.

Bellettre et al., Effects of glycerol on somatic embryogenesis in *Cichorium* leaves. Plant Cell Reports.

Bensaddek et al. (1990), Increased podophyllotocin production in *Podophyllum hexandrum* cell suspension cultures after feeding coniferyl alcohol ad a -cyclodextrin complex. Plant Cell Rep. 9: 97-100. Wu,J.,C.Wang, e X.Mei.2001. Estimulação da produção e excreção de taxol em culturas celulares de Taxus spp por lantanaum químico de terras raras. J. Biotechnol. 85: 67-77.

Bensaddek et al. (2008), Indução e crescimento de raízes peludas para a produção de compostos medicinais ,1Laboratoire de Phytotechnologie (EA 3900) Université de Picardie Jules Verne, 80000 Amiens, France 2Centro de Investigación en

Biotecnología, Universidad Autónoma del Estado de Morelos (UAEM), CP 62210 Cuernavaca, Morelos, México ,Autor correspondente; email: marc-andre.fliniaux@u-picardie.fr, Electronic Journal of Integrative Biosciences 3(1):2-9. 07 de outubro de 2008.

Berlin et al. (1988), On the podophyllotoxins of root cultures of *Linum flavum*. Planta Med. 54: 204 - 206.

Bhandra e Shanks (1995), Statistical design of the effect of inoculum conditions on growth of hairy root cultures of *Catharanthus roseus*. Biotechnol Tech 9, 681-686.

<u>Bonhomme</u> et al. (2000), Effects of the rol C gene on hairy root: induction development and tropane alkaloid production by Atropa belladonna, Laboratoire de Pharmacognosie et Phytotechnologie, Faculté de Pharmacie, 1 Rue des Louvels, 80037 Amiens, Cédex, France. Valerie.Bonhomme@sa.u-picardie.fr, <u>J Nat Prod.</u> 2000 Sep; 63(9):1249-52.

Bonhomme et al. (2000),Tropane alkaloid production by hairy roots of *Atropa belladonna* obtained after transformation with *Agrobacterium rhizogenes* 15834 and *Agrobacterium tumefaciens* containing rol A,B,C genes only,Laboratoire de Phytotechnologie, Faculté de Pharmacie, 1 rue des Louvels, 80037 Cedex 1, Amiens, France. valerie.bonhomme@sa.u-picardie.fr, <u>J Biotechnol.</u> 2000 Aug 25; 81(2-3):151-8.

Booth et al. (2006), Variação sazonal das isoflavonas do trevo vermelho (*Trifolium pratense* L., Fabaceae) e atividade estrogénica, J Agric Food Chem. 2006 fevereiro 22; 54(4): 1277-1282.

Brain e Lockwood (1976), Hormonal control of steriod levels in tissue cultures from *Trigonella foenumgraecum*. Phytochemistry 15: 1651 - 1654.

Bruneton (1995), Pharmacognosy, Phytochemistry, Medicinal Plants. Intercept, U.K, pp.522.

Burdette et al. (2001), *Trifolium pratense* (Red Clover) Exhibits Estrogenic Effects In Vivo in Ovariectomized Sprague-Dawley Rats[1] , Department of Medicinal Chemistry and Pharmacognosy and UIC/National Institutes of Health Center for Botanical and Dietary Supplements Research, College of Pharmacy, University of Illinois at Chicago, Chicago, IL 60612,[2] A quem deve ser endereçada a correspondência. E-mail: judy.bolton@uic.edu, Revisão aceite em 10 de outubro de 2001.

Caixia et al. (2009), *Agrobacterium-mediated* transformation of meadow fescue (Festuca pratensis Huds.), Plant Cell Rep (2009) 28:1431-1437, DOI 10.1007/s00299-009-0743-x.

Carrillo et al. (2004),Protocolo de otimização da organogénese direta de meristemas de trevo vermelho (*Trifolium pratense* L.) para fins de melhoramento, Departamento de produção vegetal, Centro Regional de Investigação Carillanca, Temuco, Chile, Biol Res.37:45-51, 2004.

Carron et al. (1994), Genetic modification of condensed tannin biosynthesis in *Lotus corniculatus*. 1. A dihidroflavonol redutase antisense heteróloga regula negativamente a acumulação de taninos em culturas de raízes peludas. Theor Appl Genet 87, 1006-1015.

Chan et al. (2003),The red clover (*Trifolium pratense*) isoflavone biochanin A modulates the biotransformation pathways of 7,12- dimethylbenz[a]anthracene, Food and Nutritional Sciences Programme, Faculty of Science and 2Department of Biochemistry,Faculty of Medicine, The Chinese University of Hong Kong, Shatin, N.T., Hong Kong, British Journal of Nutrition (2003), 90, 87-92.

Chaudhuri et al., (2005),Genetic transformation of Tylophora indica with Agrobacterium rhizogenes A4:growth and tylophorine productivity in different transformed root clones,Centre of Advanced Study in Cell and Chromosome Research, Department of Botany, University of Calcutta, 35 Ballygunge Circular Road, Calcutta 700019, India, Plant Cell Rep. 2005 Apr;24(1):25-35. Epub 2005 Jan 20.

Chilton et al. (1982), Hairy root and its application in plant genetic engineering. J Integrat, Plant Biol 48(2), 121-127.

Cho e Wildhoim (2002), Improved shoot regeneration protocol for hairy roots of the legume *Astragalus sinicus*. Plant Cell Tiss Org Cult 69, 259-269.

Christen et al. (1989), Cell cultures as a means to produce taxol. Proc. Am. Assoc. Cancer Res.30:566.

Christen et al. (1992), Characteristics of growth and tropane alkaloid production of *Hyoscyamus albus* hairy roots transformed with *Agrobacterium rhizogenes* A4. Plant Cell Rep 11, 597-600.

Christey e Braun (2005), Production of hairy root cultures and transgenic plants by *Agrobacterium rhizogenes-mediated* transformation, New Zealand Institute for Crop & Food Research, Christchurch, New Zealand, Methods Mol Biol. 2005;286:47-60.

Christey e Sinclair (1992), Regeneration of transgenic kale (*Brsssica oleracea var. acephala*).

Ciddi et al. (1995), Elicitation of Taxus cell cultures of production of taxol, Biotechnol.Lett.17: 1343 - 1346.

Cogan et al. (2002), Identification of genetic factors controlling the efficiency of *Agrobacterium rhizogenes-mediated* transformation in Brassica oleracea by QTL analysis, Horticulture Research International, Wellesbourne, Warwick, CV35 9EF, UK, Theor Appl Genet. 2002 Sep; 105(4):568-576. Epub 2002 May 18.

Colgecen et al.(2008),Germinação *in vitro* e estrutura da testa de sementes duras do tetraploide natural *Trifolium pratense* L.,1Zonguldak Karaelmas University, Faculty of Arts and Science, Department of Biology, 67100 _ncivez,Zonguldak,Turkey. African Journal of Biotechnology Vol. 7 (10), pp. 1473-1478, 16 de maio de 2008.

Cragg et al. (1993), The taxol supply crisis. New NCI policies for handling the large - scale production of novel natural product anticancer and anti-HIV agents. J.Nat.Prod. 56: 1657 - 1668.

Daxenbichler et al. (1971), Seeds as sources of L-DOPA.J.Med.Chem. 14: 436 -465.

Diaz et al. (1995b), Genomic requirements of *Rhizobium* for nodulation of white clover hairy roots transformed with pea lectin gene. Mol Plant Microbe in 8, 348-356

Dodan et al. (2005), *Agrobacterium* Mediated Tumor and Hairy Root Formationfrom Different Explants of Lentils Derived from Young Seedlings,Institute of Biotechnology, Department of Field Crops, Faculty of Agriculture, University of Ankara, Dışkapı, Ankara, Turkey E-mail do autor correspondente: kmkhawar@gmail.com, DOGAN et al. / Int. J. Agri. Biol., Vol. 7, No. 6, 2005, International Journal of Agriculture and & Biology1560-8530/2005/07-6-1019-1025 http://www.ijab.org

Drewes e Staden (1995), Iniciação e produção de solasodina em cultura de raízes peludas de *Solunam meuritianum* Scop. Plant Growth Regul 17, 27-31.

Duke (1983), Handbook of Energy Crops, não publicado.

Druart and Gruselle(2007), Behaviour of *Agrobacterium rhizogenes-mediated* transformants of 'Inmil' (P. incisa x Serrula) cherry roottock. Ata-Horticulturae, (738): 589-592.

Dymove et al. (1997), The effect of methyl jasmaonate on the biomass increase and intracellular biosynthesiss of indole lakaloids in the transgenic culture of *Catharanthus roseus*. Cytol Genet 31, 14-17.

Endo et al. (1988),Enzimas de culturas de suspensão celular de *catharanthus roseus* que acoplam a vindolina e a catarantina para formar α -3,4,-anidrovinblastina, Phytochemsitry 27: 2147-2149.

Fecker et al. (1993), Increased production of cadaverine and anabasine in hairy root cultures of *Nicotiana tabacum* expressing a bacterial lysine decarboxylase gene. Plant Mol Biol 23, 11-21.

Fett-Neto et al. (1994),Melhoria da produção de taxol através da alimentação de culturas celulares de *T.cuspidata com* ácidos carboxílicos aromáticos e aminoácidos. Biotechnol. Bioeng. 44: 967-971.

Fett-Neto et al. (1995),Efeito da luz branca sobre o taxol e a baccatina III. Acumulação em culturas celulares de *Taxus cuspidata* Sieb e Zucc. J. Plant. Physiol. 146: 584 - 590.

Flores et al. (1999),Radicle biochemistry:the biology of root-specificmetabolism. Trends Plant Sci.4:220-226;

Flores e Filner (1987), Metabolic relationships of putrescine, GABA, and alkaloids in cell and root cultures of Solanaceae. In: Neumann, K.H., Barz.W., Reinhard.E., eds.

Primary and secondary metabolism of plant cell cultures. Berlim: Springer-verlag;174 - 186.

Foster e Duke (1990), A Field Guide to Medicinal Plants. Eastern and Central N. America. Houghton Mifflin Co. ISBN 0395467225. Um livro conciso que trata de quase 500 espécies. Inclui um desenho de linhas de cada planta e fotografias coloridas de cerca de 100 espécies. Muito bom como guia de campo, apenas fornece breves pormenores sobre as propriedades medicinais das plantas.

Funk et al. (1987), Increased secondary product formation in plant cell suspension cltures after treatment with a yeast carbohydrate preparation (elicitor). Phytochemistry 26:401-405.

Gaurab Gangopadhyay et al. (2009), *Agrobacterium-mediated* genetic transformation of pineapple var. Queen using a novel encapsulation-based antibiotic selection technique,Recebido: 15 de novembro de 2007 / Aceite: 1 abril 2009 / Publicado online: 12 abril 2009,_ Springer Science+Business Media B.V. Plant Cell Tiss Organ Cult (2009) 97:295-302, DOI 10.1007/s11240-009-9528-8.

Georgiev et al. (2009), Bioprocessing of plant cell cultures for mass production of targeted compounds, Department of Microbial Biosynthesis and Biotechnologies, Institute of Microbiology, Bulgarian Academy of Sciences, Plovdiv, Bulgaria. milengeorgiev@gbg.bg, Appl Microbiol Biotechnol. 2009 Jul; 83(5):809-23. Epub 2009 Jun 2.

Giri et al.(2001), Influence of different strains of *Agrobacterium rhizogenes* on induction of hairy roots and artemisinin production in *Artemisia annua*. Curr Sci 81, 378-382.

Giri e Narasu (2000), Transgenic hairy roots. Recent trends and applications. Escola de Biotecnologia, Universidade Tecnológica Jawaharlal Nehru, Hyderabad 500028, Índia.

Biotechnol Adv. 2000 Mar; 18(1):1-22.

Guggenheim (1913), Dioxyphenylalanin, eine neue Aminosaure aus *Vinca faba*. Z.physiol.Chem.88:276.

Guillon et al. (2006), Hairy root research: recent scenario and exciting prospects. Curr Opin Plant Biol. 2006 Jun; 9(3):341-6. Epub 2006 Apr 17.

Han et al. (1993), Regeneração de leguminosa lenhosa transgénica (Robinia pseudoacacia L. black locust) e alterações morfológicas induzidas pela transformação mediada por *Agrobacterium rhizogenes*. Plant Sci 88, 149-157.

Hani et al. (2007), Um *Trifolium pratense*extrato clínico de fase II de
aDepartamento de Ciências Biofarmacêuticas, Universidade de Illinois em Chicago, Chicago, IL 60612, EUA, doi:10.1016/j.jep.2007.02.006 .

Hara et al. (1991), Enhancement of berberine production by spermidine in *Thalictrum minus* cell suspension cultures. Plant Cell Rep. 10: 494 - 497.

Hashem(1989), Physiological studies on the effect of foreign DNA on the genomic expression of the plant cell. Tese de doutoramento, Faculdade de Ciências, Universidade de Zagazig, Departamento de Botânica, Egipto.

Hashem (2009), Estimativa das Auxinas e Citocininas Endógenas em Raízes Peludas Incitadas em Plantas *Solanum Dulcamara* por Ri Plasmid de *Agrobacterium hizogenes,* Departamento de Botânica, Faculdade de Ciências, Universidade de Zagazig, Egipto. Jornal Australiano de Ciências Básicas e Aplicadas, 3(1): 142-147, 2009 ISSN 1991-8178 © 2009.

Hashem e Davey(1992), Hairy root induction on *Solanum nigrum* plants by using Ri TDNA of *Agrobacterium rhizogenes*, Egyptian J. of Appl. Sci., 7: 583-592.

Heble e Staba (1980) ,Steroid metabolism in stationary phase cell suspensions of *Dioscorea deltoidea*. Planta Med.Suppl.,pp. 124 -128.

Hosoki e Kigo (1994), Transformação de couves-de-bruxelas (*Brassica oleracea* var. *gemmifera* Zenk.) por *Agrobacterium rhizogenes* com um gene repórter de beta-glucuronidase. *JPN Soc Hort Sci* 63, 589-592 (em japonês com um resumo em inglês).

Hu e Alfermann. (1993), Diterpenoid production in hairy root cultures of *Salvia miltiorrhiza*. Phytochemistry 32: 699 - 703.

Hughes et al. (2002), Characterization of an inducible promoter system in *Catharanthus roseus* hairy roots. Biotechno Prog 18, 1183-1186.

Husain et al.(1992),Dictionary of Indian Medicinal Plants. CIMAP,Lucknow,Índia.546p.

Ishida (1988), Improved diosgenin production in *Dioscorea deltoidea* cell cultures by immobilization in polyurethane foam. Plant Cell Rep. 7: 270-273.
Issell (1984), Etoposide. (VP-16-213): uma visão geral. Em B.F.Issell,F.M.Muggia, e S.K.Carter, (eds), Etoposide(VP-16-213)- Current status and new developments. Academic Press Inc, Orlando, pp.1-13.

Jefferson et al. (1987), GUS fusions:b-Glucuronidase as sensitive and versatlie gene fusion marker in higher plants. EMBO J 6, 3901-3907.

Jeong et al. (2008), Improved production of ginsenosides in suspension cultures of ginseng by medium replenishment strategy, Research Center for the Development of Advanced Horticultural Technology, Chungbuk National University, 12-Gaeshin-Dong, Cheongju 361-763, Chugnbuk, South Korea. J Biosci Bioeng. 2008 Mar; 105(3):288-91.

Jordon e Wilsin (1995), Microtuble polymerization dynamics,mitotic, and cell death by paclitaxel at low concentration, American Chemical Society Symposium Series, Vol.583,Chapter X,pp.138-153.

Kadkade (1981), Formation of podophyllotoxin by Podophyllum peltatum tissue cultures (Formação de podofilotoxina por culturas de tecidos de Podophyllum peltatum). Naturwiss 68: 481-4823

Kadkade(1982), Growth and podophyllotoxin production in callus tissues of *Podophyllum peltatum*. Plant Sci. Lett. 25:107-115.

Karhu(1997), Uso de açúcar em relação à indução de rebentos por sorbitol e citocinina em macieira. Journal of the American Society for Horticultural Science, v.122, p.476-480, 1997.

Kaul et al. (1969), *Dioscorea* tissue cultures.3.Influence of various factors on diosgenin production by *Dioscorea deltoidea* callus and suspension cultures. Lloydia 32:347-359.

Ken e Jhuang (2007), Estudo da transformação de *Paulownia fortunei* mediada por *Agrobacterium rhizogenes*. Taiwan Journal of Forest Science, 22(4): 399-411.

Ketchum e Gibson (1996),Produção de paclitaxel em culturas de células em suspensão de Taxus Plant Cell Tiss. Org. Cult. 46:9-16.

Kim et al. (1995), Production of taxol and related taxanes in *Taxus brevifolia* cell cultures: Efeito do açúcar.Biotechnol.Lett. 17(1): 101-106.

Kim et al. (2008),Resveratrol production in hairy root culture of peanut,*Arachis hypogaea* L. transformed with different *Agrobacterium rhizogenes* strains, 1Department of Biology, Chosun University, 375 Seosuk-Dong, Dong-Gu, Gwangju, 501-759, Korea, African Journal of Biotechnology Vol. 7 (20), pp. 3788-3790, 20 October, 2008 Disponível online em http://www.academicjournals.org/AJB.

Kittipongpatna et al.(1998),Produção de solasodina por raiz peluda, calo e culturas de suspensão celular de *Solanum avjculare* Forst.Plant Cell Tiss. Organ Cult.52-133 143;1998.

Krolicka et al. (2001), Establishment of hairy root cultures of *Ammi majus*. Plant Sci 160, 259-264.

Kuzovkina et al. (2004),Genetically transformed plant roots as a model for studying specific metabolism and symbiotic contacts of the root system, Artigo em russo, <u>Izv Akad Nauk Ser Biol.</u> 2004 May-Jun;(3):310-8

Laurence et al. (2006),Isoflavone therapy for menopausal flushes:A systematic review and meta -analysis,Department of cardiology and Cardiovascular medicine,Griffith University school of medicine,Australia,Maturitas 55(2006)203-211.

Leifert (1995), Mineral and carbohydrate nutrition of plant cell and tissue cultures. Critical Reviews in Plant Science, v.14, p.83-109, 1995.

Lemos and Blake(1996), Micropropagation of juvenile and mature *Annona muricata* L. Journal of Horticultural Science, v.71, p.395-403, 1996.

Liu et al. (2009), Production of mouse interleukin-12 is greater in tobacco hairy roots grown in a mist reator than in airlift reator,Arkansas Biosciences Institute, Arkansas State University, State University, Arkansas 72467-0639, USA. weathers@wpi.edu, Biotechnol Bioeng. 2009 Mar 1; 102(4):1074-86.

Lutova e Pavlova(1999), Role of phytohormones in pea-rhizobia and pea-agrobacteria interactions. Pisum Genetics, 31: 48-49.

Ma et al. (1994), New bioactive taxoids from cell cultures of *Taxus baccata*.J.Nat.Prod.57:116-122

Mano et al. (1989), Produção de alcaloide de tropano por culturas de raízes peludas de *Duboisia leichhardtii* transformadas por *Agrobacterium rhizogenes*. Plant Sci 59, 191-201.

Medina-Bolívar e Cramer (2004), Production of recombinant proteins by hairy roots cultured in plastic sleeve bioreactors, Fralin Biotechnology Center, Virginia Polytechnic Institute and State University, Blacksburg, VA, USA, Methods Mol Biol. 2004;267:351-63.

Michael et al. (2006), Red Clover (*Trifolium pratense*), Methods in Molecular Biology, vol. 343: *Agrobacterium* Protocols, 2/e, volume 1, Editado por: Kan Wang © Humana Press Inc., Totowa, NJ.

Misawa et al. (1988), Synthesis of dimeric indole alkaloids by cell free extracts from cell suspension cultures of *C.roseus*. Phytochemistry 27: 1355-1359.

Mishra and Ranjan(2008),Growth of hairy -root cultures in various bioreactors for the production of secondary metabolites,Department of Biotechnology, Institute of Engineering and Technology, Sitapur Road, Lucknow 226021, Uttar Pradesh, India, Biotechnol Appl Biochem. 2008 Jan; 49(Pt 1):1-10.

Morgan e Shanks (2000), Determinação das limitações da taxa metabólica através da alimentação com precursores em cultura de raízes peludas de *Catharunthus roseus*. J. Biotechnol.79:137-145.

Morgan et al. (2003), Effect of pmt gene overexpression on tropane alkaloid production in transformed root cultures of *Datura metel* and *Hyoxcyamus muticus*. J Exp Bot 54. 203-211.

Mosjidis e Klingler (2001), Isozyme Diversity in North American Cultivated Red Clover, J. Yu, J.A. Mosjidis, K.A. Klingler, Dep. of Agronomy and Soils; F.M. Woods Dept. of Horticulture, AlabamaAgric. Exp. Stn., Auburn, Univ., Auburn, AL 36849-5412. Recebido em 20 de outubro de 2000. *Autor correspondente (mosjija@auburn.edu), Publicado em Crop Sci. 41:1625-1628 (2001).

Mosjidis e Klingler (2006), Genetic Diversity in the Core Subset of the U.S. Red Clover Germplasm, J.A. Mosjidis e K.A. Klingler, Dep. of Agronomy and Soils, Alabama Agric. Experiment Station, Auburn Univ., Auburn, AL36849-5412. Esta investigação foi parcialmente financiada pelo Clover and Special Purpose Legume

Crop Germplasm Committee. Recebido em 20 de maio de 2005. *Autor correspondente (mosjija@auburn.edu). Publicado em Crop Sci. 46:758-762 (2006). Plant Genetic Resourcesdoi:10.2135/cropsci2005.05-0076 ª Crop Science Society of America 677 S. Segoe Rd., Madison, WI 53711 USA.

Mugnier J (1988), Establishment of new axenic hairy root lines by inoculation with *Agrobacterium rhizogenes*. Plant Cell Rep 7, 9-12.
Murashige and Skoog (1962), A revised medium for rapid growth and bioassays with tobacco tissue cultures. Physiologia Plantarum, v.15, p.473-497, 1962.v.19, p.26-31, 1999.

Murthy et al. (2008), Adventitious roots and secondary metabolism, Research Center for the Development of Advanced Horticultural Technology, Chungbuk National University, Cheongju 361-763, Coreia do Sul. <u>Sheng Wu Gong Cheng Xue Bao.</u> 2008 maio; 24(5):711-6.

Nakanishi et al. (1983), Production of cryptotanshinone and feruginol in cultured cells of *Salvia miltiorrhiza*. Phytochemistry 22(3): 721-722.

Nakagawa et al. (1984), Libertação e cristalização de berberina no meio líquido de culturas de suspensão de células de *Thalictrum minus*. Plant Cell Rep.3.254-257.

Nguyen et al. (2001),Estudos sobre os factores que influenciam a estabilidade e a recuperação de paclitaxel de meios de suspensão e culturas de *Taxus cuspidata* cv Densiformis por cromatografia líquida de alta eficiência.J.Chromatogr.A.911:55-61.

Nishikawa e Ishimaru (1997), Flavonóides em culturas de raízes de *Scutellaria baicalensis*. J Plant Physiol 151, 633-636.

Oldacres et al.(2005),QTLs que controlam a produção de raízes transgénicas e adventícias em *Brassica oleracea* após tratamento com *Agrobacterium rhizogenes*(2005),School of Biosciences, University of Birmingham, Edgbaston, Birmingham, B15 2TT, UK, <u>Theor Appl Genet.</u> 2005 Aug; 111(3):479-88. Epub 2005 Jun 8.

Parc et al. (2002), Production of taxoids with biological activity by plants and callus cultures from selected Taxus genotypes. Phytochemistry 59: 725-730.

<u>Park</u> e <u>Facchini</u> (2000), *Agrobacterium rhizogenes-mediated* transformation of opium poppy, *Papaver somniferum* l., and California poppy, *Eschscholzia californica cham.*, root cultures,Department of Biological Sciences, University of Calgary, Calgary, Alberta, T2N 1N4 Canada, <u>J Exp Bot.</u> 2000 Jun;51(347):1005-16.

Parrot e Collins (1982), Callus and shoot-tip culture of eight *Trifolium* species *in vitro* with regeneration via somatic embryogenesis of *T. rubens*, Department of Agronomy, University of Kentucky, Lexington, KY 40546 (U.S.A.), Plant Science Letters, 28 (1982/83) 189-194.

Payne et al. (1987), Production of hyoscyamine by hairy root cultures of *Datura stramonium*. Planta Med 53, 474-478.

Phillips e Collins(2004), *In Vitro* Tissue Culture of Selected Legumes and Plant Regeneration from Callus Cultures of Red Clover.

Pittaalvarex e Glulletti (1998), Novel biotechnological approaches to obtain scopolamine and hyoscyamin: The influence of bniotic elicitors and stress agents on cultures of transformed roots of *Brugmansia candida*. Phytother Res 12 (Suppl.), 18=20.

Preiszner et al. (2001), Structure and activity of a soybean Adh promoter in transgenic hairy roots. Plant Cell Rep 20, 763-769.

Qin et al. (1994), Indução de raiz peluda de *Artemisia annua* com *Agrobacterium rhizogenes* e sua cultura in vitro. Ata Bot Sin 36 (Suppl. 165-170).

Radionenko et al. (1994), Direct Somatic embryogenesis and plant regeneration from protoplasts of red clover (*Trifolium pratense* L.), vol.97, n^0 1, pp.75-81(32 refs.)
Reis et al. (2007), Transformação de espécies de maracujá *mediada por Agrobacterium rhizogenes*: *Passiflora cincinnata* e *P. edulis* f. flavicarpa. Ata Horticulturae, (738): 425-431.

Rhodes et al. (1990),Properties of trnasformed root culture In: Cjharlwood BV, Rhodes MJC eds. Prodceedings of the Phytochemical Society of Europe Secondary Product form Plant Tissue Culture. Clarendon Press, Oxford.PP. 201-225.

Ricardo Figueiredo et al. (2007),Composição volátil de forragens de trevo vermelho (*Trifolium pratense* L.) em Portugal: A influência do estádio de maturação e da ensilagem ,[a]Instituto Nacional de Engenharia, Tecnologia e Inovação I.P., Estrada do Paço do Lumiar, 22, Ed. F, 1649-038 Lisboa, Portugal, doi:10.1016/j.foodchem.2007.02.022

Rijhwani e Shanks (1998), Effects of elicitor dosage and exposure time on biosynthesis of indole alkaloids by *Catharanthus roseus* hairy root cultures. Biotechnol. Prog. 14:442-449.

Rijke et al.(2001), Determination of isoflavone glucoside malonates in *Trifolium pratense* L. (red clover) extracts: quantification and stability studies ,[a] Department of Analytical Chemistry and Applied Spectroscopy, Free University, De Boelelaan 1083, 1081 HV Amsterdam, The Netherlands, The Journal of Heredity 1998:89(2) © 1998 The American Genetic Association 89:178-181.

Rijke et al (2005), Changed Isoflavone levels in Red clover (*Trifolium pratense* L.) leaves with disturbed root nodulation in response to water logging were reported by,Department of Analytical Chemistry and Applied Spectroscopy, Vrije Universiteit,de Boelelaan 1083, 1081 HV, Amsterdam, The Netherlands, Journal of Chemical Ecology, Vol. 31, No. 6, June 2005 (#2005),DOI: 10.1007/s10886-005-5286-1

Robins et al. (1991), Studies on the biosynthesis of tropane akaloids by *Datura stramonium* L. Trnasformed root cultures.3. The relationship between morphological intergity and alkaloid biosynthesis. Planta 185:385-390.

Sakato e Misawa(1974),Effects .of chemical and physical conditions on growth of *Camptotheca acuminata* cell cultures.Agri.Biol.Chem.38:491-497.

Sas Institute (1996), SAS user's guide: Statistics. 6.ed. Cary: Statistical Analysis System Institute, 1996. 956p.

Sato e Yamada (1984), Culturas de células de Coptis japonica com elevada produção de berberina. Fitoquímica 23:281-285.
Sevon et al. (1992),Chitosan increases hyoscyamine content in hariy root cultures of *Hyoscyamus muticus*. Pharm Pharmacal Lett 2, 96-99.

Sevon et al.(2002),*Agrobacterium rhizogenes* mediated transformation:Root cultures as a source of alkaloids. Plants Med 68, 859-868.
Sevón e Oksman-Caldentey (2002),*Agrobacterium rhizogenes-mediated* transformation :root cultures as a source of alkaloids,National Agency for Medicines, Helsinki, Finland, <u>Planta Med.</u> 2002 Oct;68(10):859-68.

Shanks e Morgan (1999), Plant 'hairy root' culture. Curr. Opnin. Biotechnol.10:151-155.

Sharma et al. (2009), A simple and effi cient *Agrobacterium-mediated* procedure for transformation of tomato,1Department of Plant Molecular Biology, University of Delhi South Campus, Benito Juarez Road, New Delhi 110 021, India 2Institute of Genomics and Integrative Biology, Delhi 110 007, India, MS received 5 March 2009; accepted 14 May 2009;ePublication: 18 de junho de 2009.

Sharp e Doran (2001a),Caracterização de fragmentos de anticorpos monoclonais produzidos por células vegetais.Biotechnol Bioen 73.338-346.

Sharp e Doran (2001b).Estratégias para aumentar a acumulação de anticorpos monoclonais em culturas de células e órgãos de plantas. Biotechnol Prog 17, 979-992.

Shiao et al. (2002),A expressão excessiva de álcool desidrogenase ou piruvato descarboxilase melhora o crescimento de raízes peludas a uma concentração reduzida de oxigénio. Biotechnol Bioeng 77, 455-461.

Shimomura et al. (1991), Tanshinone production in adventitious roots and regenarates of *Salvia miltiorrhiza*. J. Nat. Prod. 54: 1583.

<u>Sivakumar</u> (2006), Bioreactor technology: a novel industrial tool for high-tech production of bioactive molecules and biopharmaceuticals from plant roots.Biotech Genomics, ENEA, Casaccia, Rome, Italy. <u>Biotechnol J.</u> 2006 Dec; 1(12):1419-27.

Smith et al. (1987), Increased accumulation of indole alkaloids by some cell lines of *Catharanthus roseus* in response to addition of vanadyl sulphate. Plant Cell Rep 6: 142-145.

Smollny et al. (1992), Formation of lignans in suspension cultures of *Linum album*. Planta Med . Suppl. 58: A622

Spano et al. et al. (1981), Journal of Integrative Plant Biology Vol. 48 No. 2.

Spano et al. (1988), Morphogenesis and auxin sensitivity of transgenic tobacco with different complement of Ri T-DNA. Plant Physiol, 87: 479-483.

Srinivasan et al. (1995), Taxol Production in bioreactor; cinética da acumulação de biomassa, absorção de nutrientes e produção de taxol por suspensões celulares de *Taxus baccata.* Biotechnol.Bioeng.47:666-676.

Srivastava e Srivastava (2007), Hairy root culture for mass-production of high-value secondary metabolites, Departamento de Engenharia Bioquímica e Biotecnologia, Instituto Indiano de Tecnologia, Nova Deli, Índia. Crit Rev Biotechnol. 2007 Jan-Mar; 27(1):29-43.

Swedlund e Locy (1993), Sorbitol como fonte primária de carbono para o crescimento de calos embriogénicos de milho. Plant Physiology, v.103, p.1339-1346, 1993.

Tal et al.(1983), Factores que afectam o crescimento e a formação de produtos em células vegetais cultivadas em cultura contínua. Plant Cell Rep.2:219-222.

Tanaka et al. (2001), Proliferation and *rol* gene expression in hairy root lines of Egyptian clover (Proliferação e expressão do gene *rol* em linhas de raízes peludas de trevo egípcio). Plant Cell, Tissue and Organ Culture, 66(3): 175-182.

Tania Tapia et al.(2007),Identification of volatiles from differently aged red clover *(Trifolium pratense)* root extracts and behavioural responses of clover root borer *(*Hylastinus obscurus*) (Marsham) (Coleoptera: Scolytidae) to them,Biochemical* Systematics and Ecology, Volume 35, Issue 2, February 2007, Pages 61-67.

Taylor et al. *(2006),* Generation of composite plants using Agrobacterium rhizogenes, Donald Danforth Plant Science Center, St. Louis, MO, USA, Methods Mol Biol. 2006;343:155-67.

Taylor e Smith (1981); Duke (1978). Fonte: Duke 1983. Handbook of Energy Crops. Não publicado.

Tepfer(1984), Transformation of several species of higher plants by *Agrobacterium rhizogenes* : Sexual transmission of the transformed genotype. Célula, 37: 959-967.

Teramoto e Komamine (1988), Biotecnologia na agricultura e silvicultura, Plantas medicinais e aromáticas IV . Springer-Verlag, em Y.P.S. Bajaj (ed.), Berlim, Heidelberg, pp. 7:278-280.

Thimmaraju et al.(2008), Morphometric and biochemical characterization of red beet *(Beta vulgaris* L.). Plant-Cell-Reports, 27(6): 1039-1052.

Tinland et al.(1991), 35 S beta gluconidase gene blocks biological effects of transffered iaa genes. Biologia Molecular das Plantas, 16(5): 853-864.

Tiwari et al.(2007),Genetic transformation of *Gentiana macrophylla* with *Agrobacterium rhizogenes*:Growth and production of secoiridoid glucoside gentiopicroside in transformed hairy root cultures,Institute of Cell Biology, School of

Life Sciences, Lanzhou University, Lanzhou, 73000, Gansu, PR China. rajeshktindia@rediffmail.com, Plant Cell Rep. 2007 Feb; 26(2):199-210. Epub 2006 Sep 14.

Toivonen et al. (1991) Journal of Integrative Plant Biology Vol. 48 No. 2006. Hairy Root and Its Application in Plant Genetic Engineering 121-127.

Tolvonen et al. (1991), Studies on the optimization of growth and indole alkaloid production by hariy root cultures of *Cahtaranthus roseus*. Biotechnol Bioeng 37,673-680.

Torregrosa e Bouquet (1997), co-transformação de *Agrobacterium rhizogenes* e *A. Tumefaciens* para obter raízes peludas de videira que produzem a proteína de revestimento do nepovírus do mosaico cromático da videira. Plant Cell Tiss Org Cult 49,53-62.

Uozumi (2004), Large scale production of hairy root, Bioscience and Biotechnology Center, Nagoya University, Nagoya 464-8601, Japan. uozumi@agr.nagoya-u.ac.jpAdv Biochem Eng Biotechnol. 2004; 91:75-103.

Van hala et al. (1998), Effect of growth regulators on transformed root cultures of *Hyoscyamus muticus* . J Plant Physiol 153. 75-81.

Van Hengal et al. (1992), Characterization of callus formation and camptothecin production by cell lines of *camptotheca acuminata*. Plant Cell Tissue. Org. Cult. 28: 11-18.

Van Uden et al. (1990), The production of 5-methoxypodophyllotoxin in suspension cultues derived from *Linum flavum* L. Plant Cell Tiss. Org. Cult.20: 81-87.

Verpoorte (2002), Metabolic Engineering of Plant Secondary Metabolism. Kluwer Academic Publishers, Dordrecht, Países Baixos, pp 1-29

VU et al.(1993),Glycerol stimulation of chlorophyll synthesis, embryogenesis and carboxylation and sucrose metabolism enzymes in nucellar callus of "Hamlin" sweet orange. Plant Cell, Tissue and Organ Culture, v.33, p.75-80, 1993

Walter Suza1 et al. (2008),Hairy Roots:From High-Value Metabolite Production to Phytoremediation,1Arkansas Biosciences Institute, and 2Department of Chemistry and Physics,Arkansas State University, P.O. Box 639, State University, AR 72467, USA.* Autor correspondente; email: alorence@astate.edu, Electronic Journal of Integrative Biosciences 3(1): 57-65 Special Issue on Hairy Roots (A. Lorence and F. Medina-Bolivar, co-editors) © by Arkansas State University , Electronic Journal of Integrative Biosciences 3(1): 57-65

Webb et al. (1990), Indução e crescimento de raízes peludas para a produção de compostos medicinais

Wu et al.(2008),Indução e cultura in vitro de raízes peludas de Solanum nigrum L.var.pauciflorum Liou e sua produção de solasodina,Faculdade de Ciências da Vida, Universidade Normal do Sul da China, Laboratório Chave Provincial de Biotecnologia para o Desenvolvimento de Plantas de Guangdong, Guangzhou 510631, PR China, Artigo em chinês ,<u>Fen Zi Xi Bao Sheng Wu Xue Bao.</u> 2008 Jun; 41(3):183-91.

.

Yu et al. (2001),Isozyme Diversity in North American Cultivated Red Clover, J. Yu, J.A. Mosjidis, K.A. Klingler, Dep. of Agronomy and Soils; F.M. Woods Dept. of Horticulture, AlabamaAgric. Exp. Stn., Auburn, Univ., Auburn, AL 36849-5412. Recebido em 20 de outubro de 2000. *Autor correspondente (mosjija@auburn.edu), publicado em Crop Sci. 41:1625-1628 (2001).

Yukimune et al. (1994), Tropane alkaloid production in root cultures of *Duboisia myoporoides* obtained by repeated selection. Biosce Biotech Biochem 58, 1443-1446.

Zenk et al. (1977), Produção de antraquinona por culturas de suspensão celular de *Morinda citrifolia*. Planta Med. Suplemento, pp.79-101.

Zhao et al. (2001a), Effects of stress factors, bioregulators, and synthetic precursor on indole alkaloid production in compact callus clusters of *Cathranthus roseus*. Appl.Microbial. Biotechnol. 55: 693-698.

Zhao et al. (2001b), Enhanced catharanthine production in *Catharanthus roseus* cell cultures by combined elicitor treatment in shake falsks and bioreactors. Enzyme. Microb. Technol. 28: 673-681.

Zhao et al. (2004), Transformation of *Saussurea medusa* for hairy roots and jaceosidin production, Key Laboratory of Photosynthesis and Environmental Molecular Physiology, Institute of Botany, Chinese Academy of Sciences, 20 Nanxincun, Xiangshan, Beijing, 100093, China. zhaodx@ibcas.ac.cn, <u>Plant Cell Rep.</u> 2004 Dec; 23(7):468-74. Epub 2004 Jul 28.

Zhi-Bi Hu e Min Du(2006), Hairy Root and Its Application in Plant Genetic Engenharia,Instituto de Matéria Médica Chinesa, Universidade de Medicina Tradicional Chinesa de Xangai, Xangai 201203, China, *Journal of Integrative Plant Biology* 2006, 48 (2): 121-127,Recebido em 1 de março de 2005 Aceite em 7 de setembro de 2005, Apoiado pela Fundação Nacional de Ciências Naturais da China (30100237). *Autor para correspondência. Tel (Fax): +86 (0)21 5132 2508; E-mail: <huzhibi@hotmail.com>.

Zhou et al. (1998), Progress on plant hairy root cultures and its chemistry.1. Indução e cultura de raízes peludas de plantas. Nat Product Res Dev, 10,87-95.

Zupan e Zambryski (1997), Indução e crescimento de raízes peludas para a produção de compostos medicinais.

Printed by Books on Demand GmbH, Norderstedt / Germany